中国电子教育学会高教分会推荐

普通高等教育电子信息类"十三五"课改规划教材

C#语言程序设计基础教程

贾延明　张永涛　主编

徐好芹　聂阳　卢朝华　副主编

U0341446

西安电子科技大学出版社

内 容 简 介

本书分为三大部分，包括 9 个单元，共 30 个任务。第一部分(单元 1～单元 3)主要介绍 C# 基本语法与流程控制语句，第二部分(单元 4～单元 6)主要介绍使用 WinForm 设计 Windows 应用程序，第三部分(单元 7～单元 9)主要介绍 ADO.NET 实现数据库应用程序的开发。

本书可作为"C#语言程序设计"课程应用型本科生、专科生的教材，也可供从事 C#语言程序设计工作的人员参考。

图书在版编目(CIP)数据

C#语言程序设计基础教程/贾延明，张永涛主编. —西安：西安电子科技大学出版社，2015.7(2015.11 重印)

普通高等教育电子信息类"十三五"课改规划教材

ISBN 978–7–5606–3723–5

Ⅰ. ① C… Ⅱ. ① 贾… ② 张… Ⅲ. ① C 语言—程序设计—高等学校—教材 Ⅳ. ① TP312

中国版本图书馆 CIP 数据核字(2015)第 147602 号

策　　划　刘小莉
责任编辑　马武装　曹　锦
出版发行　西安电子科技大学出版社(西安市太白南路 2 号)
电　　话　(029)88242885　88201467　　　邮　　编　710071
网　　址　www.xduph.com　　　　　　　电子邮箱　xdupfxb001@163.com
经　　销　新华书店
印刷单位　陕西天意印务有限责任公司
版　　次　2015 年 7 月第 1 版　　2015 年 11 月第 2 次印刷
开　　本　787 毫米×1092 毫米　1/16　印　张　14
字　　数　327 千字
印　　数　601～2600 册
定　　价　25.00 元

ISBN 978–7–5606–3723–5/TP

XDUP 4015001–2

如有印装问题可调换

前 言

C# 是微软公司基于.NET 平台推出的一种全新、面向对象的高级程序设计语言。它充分吸收了 C/C++ 的优点，继承了 Visual Basic 的高效和 C++ 的强大功能，基于 .NET Framework 的有力支撑，提供了实现跨平台应用、开发的强有力的集成开发工具和方法。用微软公司的话来说："C# 是从 C 和 C++ 派生出来的一种简单、现代、面向对象和类型安全的编程语言"。

C# 看起来与 Java 有着惊人的相似，它几乎与 Java 有相同的语法，也是先编译成中间代码，再加载到内存运行，但在底层实现中 C# 与 Java 却有着本质的区别。Java 程序编译后形成的字节代码需要在 Java 虚拟机（JVM）上运行；C#程序编译成中间代码后则是通过 .NET Framework 中的公共语言运行时（Common Language Runtime，CLR）来执行的。C# 借鉴了 Delphi 的一些特点，与 COM（组件对象模型）是直接集成的，同时，.NET Framework 还提供了内容丰富、功能强大的类库供 C# 调用，这使得 C# 变成一种功能十分强大的开发工具，可以实现几乎所有类型应用程序的开发。

如今，C# 已经成为微软 .NET 平台的主角，C# 程序员队伍也日益庞大。凭借着微软雄厚的技术实力和不容动摇的软件霸主地位，在今后可预见的未来，C# 必将得到进一步的加强和完善，受到更多程序员的青睐。可以说，要掌握软件开发的未来，就要先掌握基于.NET 平台的 C# 开发方法。

本书是围绕一个"高校学生管理系统"项目而组织编写的，本着"学以致用"的原则，采用"边学边做、以做促学"的方式，按照任务驱动的教学方法，由浅入深地展开利用 C# 语言开发窗口应用程序的过程及其对应理论知识的讲解。每一个学习任务都附有与案例相关的理论知识及其对应的实际项目部分作为综合案例，并附有相应的实训内容。

在行文组织上，将每个任务都分为以下五部分，分别进行讲解。

● 任务描述：对任务学习完成后能够实现的具体任务的功能进行简要的描述。

● 预备知识：针对要实现的具体任务中的基础理论（即知识点）进行展开，并做详细讲解，以期让学生快速掌握 C# 语言的核心理论知识。

● 任务实施：在知识点讲解的基础上，依据任务描述中要求的任务需求，讲述任务实现的具体方法和步骤，侧重学习方法的培养。

● 知识拓展：结合本任务中涉及的知识，介绍前沿内容和拓展内容以开阔学生视野。

● 归纳总结：针对本任务进行简要归纳总结。

本书采用目标驱动和内容驱动相结合的行文方式，其中以内容驱动为主、以目标驱动为辅。具体来讲，总体上是按照 C# 语言教学内容逐层深入统稿全书，先讲解容易、基础的内容，然后讲解复杂、深入的内容，这与目前大多教材的行文方式相同；但在局部上则采用目标驱动的方法，即针对一个较大的知识点，一般都先设定一个具体的目标（要解决的具体问题），然后编写一个简要、容易实现、能达到该目标（解决问题）的应用程序，而该程序涉及的知识尽可能覆盖讲解内容的所有知识点。这样，即使读者在内容上不知道"为什么"，但他知道该"怎么做"，由此可以快速获得对知识点的感性认识，这对理解和掌握接着要讲解的内容大有裨益。本书的行文方式有效吸收了内容驱动和目标驱动的优点，能让读者以最快的速度掌握 C# 语言的核心内容。

本书单元 1 和单元 2 由张永涛老师编写，单元 3 和单元 4 由徐好芹老师编写，单元 5 由聂阳老师编写，单元 6 和单元 9 由卢朝华老师编写，单元 7 和单元 8 由贾延明老师编写，全书由贾延明统稿。

最后，感谢对本书出版提供大力支持的史国永副校长、张煜星副校长、胡健主任、信息与电子工程学院汪新民院长、张广勇书记和王晓华院长。感谢信息与电子工程学院的全体教师，谢谢你们的帮助和指导。本书为商丘工学院教育质量工程资助立项项目。

由于编写水平有限，书中不可避免地存在不足之处，欢迎大家批评指正。

编　者

2015 年 2 月

目　　录

第一部分　C# 基本语法与流程控制语句

单元 1　C# 语言简介 2

任务 1.1　C# 程序设计语言概述 2

1.1.1　程序设计语言的发展 2

1.1.2　.NET Framework 与 C# 语言 4

1.1.3　C# 语言开发环境 5

任务 1.2　创建一个简单的 C# 应用程序 9

1.2.1　使用 Visual Studio 创建控制台应用程序 9

1.2.2　Console 类 12

1.2.3　C# 的程序结构 14

实训练习 1 17

单元 2　C# 语言基础知识 18

任务 2.1　数据类型与表达式 18

2.1.1　C# 中的基本数据类型 18

2.1.2　常量与变量 20

2.1.3　数据类型转换 21

2.1.4　运算符与表达式 25

任务 2.2　系统方法中字符串处理方法与用户自定义方法 30

2.2.1　系统方法中字符串处理方法 31

2.2.2　用户自定义方法 34

任务 2.3　值传递方式与引用传递方式 38

2.3.1　值传递方式 39

2.3.2　引用传递方式 39

实训练习 2 42

单元 3　程序流程控制与数组 44

任务 3.1　C# 中流程控制语句 44

3.1.1　顺序结构 44

3.1.2　选择结构 45

3.1.3　循环结构 53

任务 3.2　数　　组 64

3.2.1　一维数组 65

    3.2.2　二维数组 67

  实训练习 3 70

第二部分　使用 WinForm 设计 Windows 应用程序

单元 4　Windows 窗体应用程序的创建 74

  任务 4.1　初识 Windows 窗体应用程序 74

    4.1.1　认识 Windows 应用程序 74

    4.1.2　Windows 窗体控件的常用属性 76

    4.1.3　Windows 窗体的跳转与关闭 77

  任务 4.2　事件驱动机制 80

    4.2.1　事件驱动机制与窗体事件 80

    4.2.2　编写事件处理程序 81

  实训练习 4 84

单元 5　窗体基本控件的使用与良好编程习惯的养成 85

  任务 5.1　设计"高校学生管理系统"的登录及创建学员用户窗体 85

    5.1.1　常用的基本控件 86

    5.1.2　使用控件设计窗体的步骤 88

  任务 5.2　"高校学生管理系统"的主菜单设计 90

    5.2.1　菜单条控件简介 90

    5.2.2　创建菜单的步骤 91

  任务 5.3　"高校学生管理系统"提示功能的实现 93

    5.3.1　消息框的创建方法 94

    5.3.2　消息框的返回值 95

  任务 5.4　断点调试与良好编程习惯的养成 99

    5.4.1　断点调试 100

    5.4.2　良好编程习惯的养成 103

  实训练习 5 107

单元 6　窗体高级控件的使用 109

  任务 6.1　"高校学生管理系统"工具栏、状态栏的实现 109

    6.1.1　工具栏 109

    6.1.2　状态栏 110

  任务 6.2　"高校学生管理系统"关于窗体图片动画效果的实现 112

    6.2.1　图片框 113

    6.2.2　图片列表 114

    6.2.3　定时器 114

  任务 6.3　实现"关于"模式窗体与用户身份登录验证 117

6.3.1　模式窗体 117

6.3.2　用户登录身份验证 118

实训练习 6 122

第三部分　ADO.NET 实现数据库应用程序的开发

单元 7　使用 ADO.NET 实现数据库访问 124

任务 7.1　ADO.NET 核心对象简介 124

7.1.1　关系数据库简介 124

7.1.2　常用 SQL 语句 125

任务 7.2　"高校学生管理系统"数据库连接实现 131

7.2.1　SqlConnection 对象常用属性 131

7.2.2　SqlConnection 常用方法 132

7.2.3　DBHelper 类 132

任务 7.3　"高校学生管理系统"数据打开时的异常处理 135

7.3.1　程序错误类型 136

7.3.2　异常处理 138

任务 7.4　Command 对象简介 141

7.4.1　Command 对象常用属性 142

7.4.2　Command 对象常用方法 142

任务 7.5　实现"高校学生管理系统"的登录功能 149

7.5.1　用户登录功能需求分析 149

7.5.2　用户登录功能实现方法 150

任务 7.6　实现"高校学生管理系统"查询全部学生信息功能 156

任务 7.7　实现"高校学生管理系统"模糊查询功能 159

7.7.1　ListView 列表视图控件介绍 159

7.7.2　ListView 控件简单应用 161

任务 7.8　实现"高校学生管理系统"添加学员功能 169

任务 7.9　实现学员状态修改及删除 178

实训练习 7 184

单元 8　使用 DataSet 操作数据库 186

任务 8.1　DateSet 结构及工作原理 186

8.1.1　DataSet 187

8.1.2　DataTable 187

8.1.3　DataColumn 188

8.1.4　DataRow 188

任务 8.2　使用 DataAdapter 对象查看教师信息 190

8.2.1　认识 DataAdapter 对象 191

8.2.2　如何填充数据集 192

8.2.3　如何保存数据集中的数据 192

任务 8.3　实现"高校学生管理系统"教员信息列表显示 195

8.3.1　认识 DataGridView 控件 195

8.3.2　DataGridView 控件相关属性 196

实训练习 8 201

单元 9　项目实训——机票预定系统的设计与实现 203

实训练习 9 211

附录 212

附录 A　C# 中的数据类型 212

附录 B　C# 中关键字完整列表 213

附录 C　C# 中的数据类型与 SQL Server 数据类型的对照表 214

参考文献 215

第一部分 C#基本语法与流程控制语句

📖 内容摘要

    C# (C Sharp)是微软(Microsoft)为 .NET Framework 量身定做的程序语言，C# 拥有 C/C++ 的强大功能以及 Visual Basic 简易使用的特性，是第一个面向组件 (Component-oriented)的程序语言，和 C++ 与 C 语言一样也是面向对象(Object-oriented)程序语言。

    C#是一种最新的面向对象的编程语言。它使得程序员可以快速地编写各种基于 Microsoft .NET 平台的应用程序，而 Microsoft .NET 提供了一系列的工具和服务来最大程度地开发计算与通信领域。

    正是由于 C# 面向对象的卓越设计，使它成为构建各类组件的理想之选——无论是高级的商业项目还是系统级的应用程序。使用简单的 C# 语言结构，这些组件可以方便地转化为 XML 网络服务，从而使它们可以由任何语言在任何操作系统上通过 Internet 进行调用。

    最重要的是，C# 使得 C++ 程序员可以高效地开发程序，而绝不损失 C/C++ 原有的强大功能。因为这种继承关系，C# 与 C/C++ 具有极大的相似性，熟悉 C/C++ 语言的开发者可以很快地转向 C#。

    任何一门程序语言课程，都会涉及该语言的基本语法及逻辑结构，本部分主要介绍 C# 语言中的基本语法及程序的逻辑结构，帮助读者快速入门。

📖 学习目标

(1) 了解什么是 C# 以及 C# 相关概念。

(2) 掌握 C# 中常用的数据类型、表达式、数组、变量定义方法。

(3) 掌握选择结构与选择结构的语法。

(4) 掌握自定义方法的定义与调用。

(5) 了解值传递与引用传递的区别。

(6) 掌握常用的字符串处理方法。

(7) 掌握各种数据类型转换方式。

(8) 养成规范化的编程习惯。

单元 1　C# 语言简介

任务 1.1　C# 程序设计语言概述

▶ 任务描述

本节对程序设计语言及 C# 语言进行简要介绍，主要目的是了解 .NET Framework(框架)、面向对象程序开发语言 C#、集成开发环境(IDE)Visual Studio.NET(简称 VS)等概念，掌握安装 Visual Studio 2012 的方法。

▶ 预备知识

1.1.1　程序设计语言的发展

程序设计语言(Programming Language)，是用于书写计算机程序的语言。语言的基础是一组记号和一组规则。根据规则由记号构成的记号串的总体就是语言。在程序设计语言中，这些记号串就是程序。程序设计语言有 3 个方面的要素，即语法、语义和语用。语法表示程序的结构或形式，亦即表示构成语言的各个记号之间的组合规律，但不涉及这些记号的特定含义，也不涉及使用者。语义表示程序的含义，亦即按照各种方法所表示的各个记号的特定含义，但不涉及使用者。语用表示程序与使用者的关系。

自 20 世纪 60 年代以来，世界上公布的程序设计语言已有上千种，但是只有很小一部分得到了广泛的应用。从发展历程来看，程序设计语言可以分为 4 代。

1. 第一代——机器语言

机器语言是由二进制 0、1 代码指令构成的，不同的 CPU 具有不同的指令系统。机器语言程序难编写、难修改、难维护，需要用户直接对存储空间进行分配，编程效率极低。这种语言已经被渐渐淘汰了。

2. 第二代——汇编语言

汇编语言指令是机器指令的符号化，与机器指令存在着直接的对应关系，所以汇编语言同样存在难学、难用、容易出错、维护困难等缺点。但是汇编语言也有自己的优点：可直接访问系统接口，汇编程序翻译成机器语言程序的效率高。从软件工程角度来看，只有在高级语言不能满足设计要求或不具备支持某种特定功能的技术性能(如特殊的输入输出)时，汇编语言才被使用。

3．第三代——高级语言

高级语言是面向用户、基本上独立于计算机种类和结构的语言。其最大的优点是：形式上接近于算术语言和自然语言，概念上接近于人们通常使用的概念。高级语言的一个命令可以代替几条、几十条甚至几百条汇编语言的指令。因此，高级语言易学、易用，通用性强，应用广泛。高级语言种类繁多，可以从应用特点和对客观系统的描述两个方面对其进一步分类。

从应用角度来看，高级语言可以分为基础语言、结构化语言和专用语言 3 类。

(1) 基础语言。

基础语言也称通用语言。它历史悠久，流传很广，有大量的已开发的软件库，拥有众多的用户，为人们所熟悉和接受。属于这类语言的有 FORTRAN、COBOL、BASIC、ALGOL等。FORTRAN 语言是曾在国际上广为流行也是使用得最早的一种高级语言，从 20 世纪 90年代起，在工程与科学计算中一直占有重要地位，备受科技人员的欢迎。BASIC 语言是在20 世纪 60 年代初为适应分时系统而研制的一种交互式语言，可用于一般的数值计算与事务处理。BASIC 语言结构简单，易学、易用，并且具有交互能力，成为许多初学者学习程序设计的入门语言。

(2) 结构化语言。

20 世纪 70 年代以来，结构化程序设计和软件工程的思想日益为人们所接受和欣赏。在它们的影响下，先后出现了一些很有影响的结构化语言，这些结构化语言直接支持结构化的控制结构，具有很强的过程结构和数据结构能力。PASCAL、C、Ada 语言就是它们的突出代表。

PASCAL 语言是第一个系统地体现结构化程序设计概念的现代高级语言，软件开发的最初目标是把它作为结构化程序设计的教学工具。由于它模块清晰、控制结构完备，有丰富的数据类型和数据结构，语言表达能力强，移植容易，不仅被国内外许多高等院校定为教学语言，而且在科学计算、数据处理及系统软件开发中都有较广泛的应用。

C 语言功能丰富，表达能力强，有丰富的运算符和数据类型，使用灵活方便，应用面广，移植能力强，编译质量高，目标程序效率高，具有高级语言的优点。同时，C 语言还具有低级语言的许多特点，如允许直接访问物理地址，能进行位操作，能实现汇编语言的大部分功能，可以直接对硬件进行操作等。用 C 语言编译程序产生的目标程序，其质量可以与汇编语言产生的目标程序相媲美，具有"可移植的汇编语言"的美称，成为编写应用软件、操作系统和编译程序的重要语言之一。

(3) 专用语言。

专用语言是为某种特殊应用而专门设计的语言，通常具有特殊的语法形式。一般来说，这种语言的应用范围狭窄，移植性和可维护性不如结构化程序设计语言。随着时间的推移，被使用的专业语言已有数百种，应用比较广泛的有 APL 语言、Forth 语言、LISP 语言。

从描述客观系统来看，程序设计语言可以分为面向过程语言和面向对象语言两类。

(1) 面向过程语言。

以"数据结构＋算法"程序设计范式构成的程序设计语言，称为面向过程语言。前面介绍的程序设计语言大多为面向过程语言。

(2) 面向对象语言。

以"对象 + 消息"程序设计范式构成的程序设计语言，称为面向对象语言。比较流行的面向对象语言有 Delphi、Visual Basic(简称 VB)、Java、C++ 等。

Delphi 语言具有可视化开发环境，提供面向对象的编程方法，可以设计各种具有 Windows 窗体的应用程序(如数据库应用系统、通信软件和三维虚拟现实等)，也可以开发多媒体应用系统。

C# 语言是为开发应用程序而提供的，拥有较好的开发环境与丰富的开发工具。它具有很好的图形用户界面，采用面向对象和事件驱动的新机制，把过程化和结构化编程集合在一起。它在应用程序开发中采用的图形化方式，无需编写任何程序，就可以方便地创建应用程序界面，且与 Windows 界面非常相似，有时甚至是一致的。

Java 语言是一种面向对象、不依赖于特定平台的程序设计语言，具有简单、可靠、可编译、可扩展、多线程、结构中立、类型显示说明、动态存储管理、易于理解等特点，是一种理想的用于开发 Internet 应用软件的程序设计语言。

4. 第四代——非过程化语言

4GL 是非过程化语言，编码时只需说明"做什么"，不需描述算法的细节。

数据库查询和应用程序生成器是 4GL 的两个典型应用。用户可以用数据库查询语言(SQL)对数据库中的信息进行复杂的操作。用户只需将要查找的内容在什么地方、根据什么条件进行查找等信息告诉 SQL，SQL 将自动完成查找过程。应用程序生成器则是根据用户的需求"自动生成"满足需求的高级语言程序。真正的第四代程序设计语言应该说还没有出现。所谓的第四代非过程化语言大多是指基于某种语言环境的具有 4GL 特征的软件工具产品，如 System Z、PowerBuilder、FOCUS 等。

第四代非过程化语言是面向应用、为最终用户设计的一类程序设计语言。它具有缩短应用开发过程，降低维护代价，最大限度地减少调试过程中出现的问题以及对用户友好等优点。

1.1.2　.NET Framework 与 C# 语言

说起 C# 就不能不提到 .NET Framework，.NET Framework 又称 .NET 框架，它是由微软开发的，一个致力于敏捷软件开发(Agile Software Development)、快速应用开发(Rapid Application Development)、平台无关性和网络透明化的软件开发平台。自 2002 年发布第一版以来，.NET Framework 已经迅速占领企业应用市场，全球财富 100 强公司中有 90% 采用 .NET 技术构建信息系统。在这个平台环境中，可以开发出运行在 Windows 上的几乎所有的应用程序，而微软也将推出运行在其他操作系统上的版本。.NET 框架是一种采用系统虚拟机运行的编程平台，以公共语言运行时为基础，支持多种语言(C#、VB、C++、J#等)的开发，如图 1-1 所示。.NET 也为应用程序接口(API)提供了新功能和开发工具。简单地说，.NET Framework 是一个创建、部署和运行应用程序的多语言多平台环境，包含了庞大的代码库，各种 .NET 语言都可以共用这些代码库。

.NET 平台主要包含的内容有 .NET Framework(.NET 框架)、基于 .NET 的编程语言及开发工具 Visual Studio 等。.NET 平台的基础和核心是 .NET Framework，.NET 平台的各种优秀特性都要依赖它来实现。

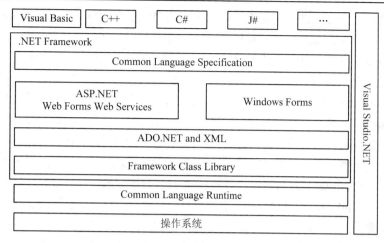

图 1-1　.NET 体系结构

.NET Framework 包括两部分内容,一个是框架类库(Framework Class Library, FCL),另一个是公共语言运行时。公共语言运行时是 .NET 框架的基础。框架类库是一个综合性的面向对象的可重用类型集合,利用它可以开发从传统命令行或者 WinForm 应用程序到基于 ASP.NET 所提供的最新应用程序。

在 .NET 平台上可以使用 C#、VB 等多种语言来进行软件开发,不同的语言可以使用相同的 FCL。"跨语言"的特性,使得用某种语言编写的代码可以直接调用其他语言编写的方法,就好像是这个方法是用该语言编写的一样。也就是说,在一个项目小组中不同成员使用 .NET 支持的不同语言进行编程,同样可以一起很好地工作,不需重新学习新的语言。

C# 看起来像是"C++"中两个加号重叠在一起,而且在音乐中"C#"表示 C 大调,表示比 C 高一点的音节。微软借助这样的命名,表示 C# 在一些语言特性方面是对 C++ 的提升。C# 是微软公司在 2000 年 6 月发布的一种新的编程语言,是为 .NET Framework 量身定做的程序语言,C# 拥有 C/C++ 的强大功能以及 Visual Basic 简易使用的特性,是第一个面向组件(Component-oriented)的程序语言,它和 C++ 与 C 语言一样亦为面向对象(Object-oriented)程序语言。C# 看起来与 C 语言有着惊人的相似:它包括了诸如单一继承、界面、与 C 语言几乎同样的语法,以及编译成中间代码再运行的过程。但是 C# 与 C 语言有着明显的不同,它借鉴了 Delphi 的一个特点,与 COM(组件对象模型)是直接集成的,而且它是微软公司 .NET Windows 网络框架的主角。使用 C# 可以编写出传统的 Windows 桌面应用程序(Win Forms)、Windows 服务程序(Windows Service)、Internet 应用程序(ASP.NET)、Web 服务程序(Web Service)等。因此,在当前的软件开发行业中,C# 已经成为了绝对的主流语言,可以说 C# 语言和 C 语言在当今企业应用中已经平分天下。

1.1.3　C# 语言开发环境

微软推出了这么强大的平台和技术,当然也会有强大的集成开发环境(IDE)来支持,那就是微软提供的 Visual Studio.NET。Microsoft Visual Studio(简称 VS)是美国微软公司的开发工具套件系列产品。VS 是一个基本完整的开发工具集,它包括了整个软件生命周期中所需要的大部分工具,如 UML 工具、代码管控工具、集成开发环境等,所写的目标代码适用于微软支持的所有平台，包括 Microsoft Windows、Windows Mobile、Windows CE、.NET Framework、.NET Compact Framework 和 Microsoft Silverlight。

Visual Studio .NET 是用于快速生成企业级 ASP.NET Web 应用程序和高性能桌面应用程序的工具。Visual Studio 包含基于组件的开发工具(如 Visual C#、Visual J#、Visual Basic 和 Visual C++)，以及许多用于简化基于小组的解决方案的设计、开发和部署的其他技术。

Visual Studio .NET 是一个完整的功能强大的集成开发环境(Integrated Development Environment，IDE)，可用开发控制台应用程序、桌面应用程序、ASP.NET Web 应用程序等多种类型的应用程序，而且支持 C#、Visual Basic、Visual C++ 等多种 .NET 编程语言。

Visual Studio 最新版本为微软在 2013 年 11 月 13 日发布的 Visual Studio 2013，在主版本下，根据所包含的功能分为学习版、测试专业版、专业版、旗舰版等售价不等的版本。不同的版本如表 1-1 所示。

表 1-1　Visual Studio、.NET Framework 和 C# 版本

名　称	Visual Studio 版本	.NET Framework 版本	C# 版本
Visual Studio.NET 2002	7	1	1.0
Visual Studio.NET 2003	7.1	1.1	1.5
Visual Studio 2005	8	2.0	2.0
Visual Studio 2008	9	2.0，3.0，3.5	3.0
Visual Studio 2010	10	2.0，3.0，3.5，4.0	4.0
Visual Studio 2012	11	2.0，3.0，3.5，4.0，4.5	5.0
Visual Studio 2013	12	2.0，3.0，3.5，4.0，4.5，4.5.1	6.0

本书采用当前最为流行的 .NET 开发工具 Visual Studio 2012(简称 VS12)和 Microsoft .NET Framework 4.5 类库作为开发环境。Visual Studio 2012 支持开发面向 Windows 7 的应用程序，还支持 Microsoft SQL Server，IBM DB2 和 Oracle 数据库。当然，本书为 C# 基础教程，教材中涉及的程序均可在 Visual Studio 2005 以上版本中调试与运行。

Visual Studio 2012 最简单的窗口结构如图 1-2 所示。

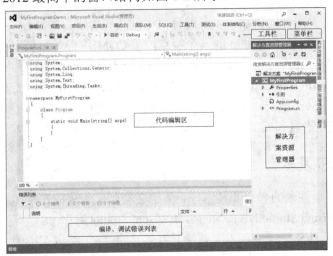

图 1-2　Visual Studio 2012 窗口结构界面

▶ **任务实施**

任务 1-1 Visual Studio 2012 的安装与启动。

本书以 Visual Studio 2012 的安装为例，讲述 Visual Studio 的安装过程。如果下载的安装文件是 MSI 格式或 EXE 格式，对其直接双击即可开始安装。如果是 ISO 光盘镜像格式，则可以用虚拟光驱软件(比如 UltraISO、Daemon Tools 等)把它载入到虚拟光驱中，然后打开虚拟光驱，找到 Setup.exe 程序，双击该程序可启动安装过程。安装程序启动窗口欢迎界面如图 1-3 所示。

然后，出现安装位置选择和许可条款选项，如图 1-4 所示，点击"…"按钮可选择自定义安装位置。选择完成后，点击"下一步"按钮。

图 1-3　Visual Studio 2012 安装程序欢迎界面　　　图 1-4　Visual Studio 2012 安装位置选择

在如图 1-5 所示的可选功能界面中，选择所需要的功能模块，在选择完成后，点击"安装"按钮开始安装。

整个安装过程非常简单，但是需要花费一些时间，请耐心等待。安装完成后，选择"开始菜单"→"所有程序"→"Microsoft Visual Studio 2012"→"Visual Studio 2012"菜单命令即可启动。

首次启动 Visual Studio 2012 需要进行默认环境设置，如图 1-6 所示；然后进入 Visual Studio 2012 的开发界面(如图 1-2 所示)。其中，"解决方案资源管理器"面板是一个非常重要的工具，它管理解决方案中的所有资源。在 Visual Studio 中，一个项目可以编译产生一个程序集(一个 .exe 文件或 .dll 文件)，一个解决方案可以包含多个项目，多个项目共同构成一个较大的应用程序。

图 1-5　Visual Studio 2012 安装可选功能选择　　　图 1-6　Visual Studio 2012 设置默认环境

▶ **知识拓展**

以上介绍了程序设计语言的概念与程序设计语言的分类，知道了 C# 是一种功能强大且非常流行的一种程序开发语言，而 .NET Framework 则是支持多种开发语言进行开发的基础框架，正是 .NET Framework 的存在，才能实现"跨语言"开发。Visual Studio 是由微软公司开发的一款功能强大的集成开发环境，利用这个开发环境和 C# 语言就可以开发出满足用户需求的软件。

在安装 Visual Studio 后，我们通常还会选择安装 MSDN(Microsoft Developer Network)。MSDN 库是微软公司向软件开发者提供的一种信息服务。MSDN 实际上是一个以 Visual Studio 和 Windows 平台为核心整合的虚拟开发社区，包括技术文档、在线电子教程、网络虚拟实验室、微软产品下载(几乎包含全部的操作系统、服务器程序、应用程序和开发程序的正式版和测试版，还包括各种驱动程序开发包和软件开发包)、Blog、BBS、MSDN WebCast、与 CMP 合作的 MSDN 杂志等一系列服务。

有兴趣的读者可以将 MSDN 安装到计算机中，尝试着做一些练习。

▶ **归纳总结**

本节所介绍的内容是进行 C# 开发的第一步工作，认识 .NET 和 C#，了解 C# 的开发环境 VS 2012，是我们进一步深入学习的前提条件。

任务 1.2　创建一个简单的 C# 应用程序

▶ 任务描述

(1) 创建控制台应用程序，实现在屏幕上输出"Hello World！"。

(2) 创建控制台应用程序，实现输入用户的姓名和年龄，并用不同的输出方法输出。

▶ 预备知识

1.2.1　使用 Visual Studio 创建控制台应用程序

在前面的学习中，我们初步认识了 C#、.NET、IDE、VS 2012 等内容。那么怎样编写程序代码来实现基本的输入、输出功能呢？这就需要我们使用 VS 2012 这个集成开发环境新建一个控制台应用程序。

1. 创建控制台应用程序

"控制台应用程序"是指在命令行执行其所有输入和输出的应用程序，这类程序不包含图形化界面。因此，对于快速测试语言功能和编写命令行的实用工具而言，控制台应用程序是最理想的选择。

下面，我们就以在屏幕上输出"Hello World！"为例讲解控制台应用程序的创建与调试。

打开 Visual Studio 2012 后，单击"起始页"上"新建项目"的链接，或者选择"文件"→"新建"→"项目"菜单命令，可调出 Visual Studio 的"新建项目"对话框，如图 1-7 所示。

图 1-7　"新建项目"对话框

在图 1-7 中，在左侧的项目类型中选择"Visual C#"；在右侧的模板列表中选择"控制台应用程序"；在名称中输入"Hello World"；为项目选择一个保存的位置，如"F:\Debug\"。单击"确定"按钮，就创建了一个 C# 代码模板，如图 1-8 所示。

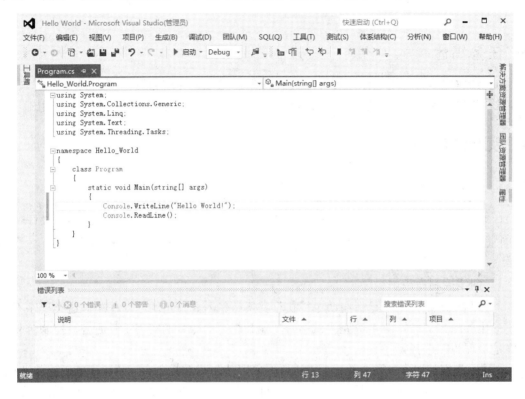

图 1-8　C# 代码模板

然后，在生成的代码模板 Main( )方法中添加如下代码：

```
Console.WriteLine("Hello World!");
Console.ReadLine();
```

Visual Studio 提供了两类容器来帮助开发人员有效管理开发工作所使用的资源，如引用、数据连接、文件夹和文件，这两类容器分别叫做"解决方案"和"项目"。一个解决方案可以包含多个项目，而一个项目通常包含多个项。Visual Studio 中的"解决方案资源管理器"面板是查看和管理这些容器及其关联项的界面。

项目是 Visual Studio 对代码及相关内容进行编译的单位。不论编写多小的应用程序，都需要创建一个项目。

2．认识控制台应用程序文件夹的结构

打开创建项目时所选择的相应保存位置，在这个路径下，Visual Studio 已经创建了一个名为"Hello World"的文件夹，这个文件夹就是解决方案文件夹。

打开"Hello World"文件夹，如图 1-9 所示，该文件夹中有一个文件和一个子文件夹。扩展名为 .sln 的文件是解决方案文件。双击 .sln 文件图标，操作系统就会自动启动 Visual Studio 并打开该解决方案。

图 1-9　解决方案文件夹

子文件夹 Hello World 是项目文件夹，其中存放了该项目的相关项，如图 1-10 所示。

Hello World 子文件夹中扩展名为.csproj 的文件是项目文件，其中记载着关于项目的管理信息。双击该文件也会启动 Visual Studio 并打开该项目。扩展名为 .cs 的文件是 C# 的源代码文件。App.config 文件是用户自定义配置文件，能够比较灵活地修改一些配置信息。子文件夹 bin 中存放着项目编译后的输出。子文件夹 .obj 存放编译时产生的中间文件。而 Properties 文件夹存放关于程序集的一些内容，包含了一个叫 AssemblyInfo.cs 的文件，如果项目中用到了图片、字符串等资源或者应用程序设置，也将在此文件中保存相关文件。AssemblyInfo.cs 文件描述程序集的特征。资源文件可集中管理项目中用到的图片、图标、字符串和文本文件等资源。

图 1-10　项目文件夹和项目属性文件夹

3．编译、调试程序

编写程序完成后，可以直接按键盘上的 F5 键，或者在图 1-11 中选择"调试"→"启动调试"菜单命令，都可以启动调试过程。

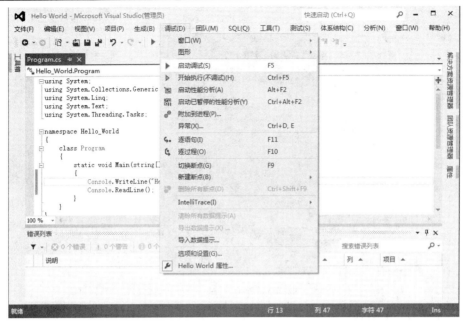

图 1-11　"调试"菜单

在调试菜单中，有"逐语句"和"逐过程"菜单项，它们可以让 Visual Studio 一句一句地或一个函数一个函数地执行代码，这两个菜单项在调试过程中是非常有用的。

按下"F5"键后，可弹出如图 1-12 所示的窗口，该窗口的内容就是前面所举例子程序的运行结果。

图 1-12　查看程序的运行情况窗口

1.2.2　Console 类

在前面介绍的例子中，在程序中添加了如下两行语句：

Console.WriteLine("Hello World!");

Console.ReadLine();

使用这两条语句便可以在屏幕上输出字符串"Hello World!"，并产生一个暂停。其实，这里的 Console 是 C# 中的控制台类，使用它就可以很方便地进行控制台的输入和输出。

1．C# 向控制台输出

在 C# 中可以使用 Console.WriteLine()方法实现控制台的输出。利用 Console.WriteLine()方法输出有以下几种方式。

方式一：

Console.WriteLine();　　　　　　　//实现换行功能

方式二：

Console.WriteLine(表达式);　　　　//输出常量、变量或表达式的值方式三：

　　Console.WriteLine("格式字符串", 变量列表);　　　　//以特定格式输出变量

针对方式三，我们先看一个例子：

　　String myName = "张三";

　　int age = 25;

　　Console.WriteLine("你的名字叫：{0} {1}", myName, age);

上面的语句给出的结果是什么呢？读者可以自己动手试试看。下面我们在 NameAndAgeOutput 项目中编写代码，如例 1-1 所示。

【例 1-1】　在 NameAndAgeOutput 项目中编写代码。

```
using System;
    ⋮
namespace NameAndAgeOutput
{
    class Program
    {
        static void Main(string[] args)
        {
            string Name = "艾成旭";
            int Age = 20;
            Console.WriteLine("我叫"+Name+"，今年"+Age+"岁了");
            Console.WriteLine("我叫{0}，今年{1}岁了",Name,Age);
            Console.ReadLine();
        }
    }
}
```

例 1-1 的运行结果如图 1-13 所示。

图 1-13　例 1-1 运行结果

　　在例 1-1 中，加粗部分的代码为输出的方式三。在这种方式中，WriteLine() 的参数由两部分组成：格式字符串和变量列表。其中的"我叫 {0}，今年 {1} 岁了"就是格式字符串，{0}、{1} 叫做占位符，它们占的就是后面的 Name 和 Age 变量的位置。在格式字符串中，依次使用 {0}、{1}、{2}……代表要输出的变量，然后变量依次排列在变量列表中，{0} 对应变量列表中的第 1 个变量，{1} 对应变量列表中的第 2 个变量，{2} 对应变量列表中第三个变量，依此类推。这种方式要比加号连接方便，读者在以后的开发中会慢慢体会到。

2. C# 从控制台读入

Console 类包含 Read()、ReadKey()和 ReadLine()三个方法来实现控制台读入。其中，

最常用的是 Console.ReadLine()方法，该方法可以读取一行数据，并返回这一行的字符串形式。比如：

```
string name = Console.ReadLine();
```

如果要输入整型数据怎么办？我们需要将一个字符串变量转换成整型数据，方法如下：

```
int age=int.Parse(Console.ReadLine());
```

int.Parse()的功能是把字符串转换为整数，在以后的单元中我们会详细讨论。

1.2.3　C# 的程序结构

在输出"Hello World！"项目中，在 Program.cs 文件中编写了如下代码：

```
using System;
⋮
namespace Hello_World
{
    class Program
    {
        static void Main(string[] args)
        {
            Console.WriteLine("Hello World!");
            Console.ReadLine();
        }
    }
}
```

这段程序非常简单，下面就分别介绍这段代码的各个组成部分。

1．namespace 关键字

namespace(命名空间)关键字是 C# 中组织代码的方式，我们可以把紧密相关的一些代码放在同一个命名空间中，这样可大大提高管理和使用的效率。在上面的代码中，Visual Studio 自动以"Hello_World"作为这段程序命名空间的名称。

2．using 关键字

using 关键字表示导入命名空间，高级语言总是依赖于许多系统预定义的元素或者库函数，这样就可以在后面的程序中，自由地使用这些空间中包含的各类元素的功能了。这就相当于 C 语言中的 #include 之类语句的功能。

Microsoft 公司提供的许多基本类都包含在 System 命名空间中。如果程序开始处没有包含"using System;"指令，则输出语句必须这样写才能编译通过 System.Console.Writeline。如果包含了"System"命名空间，无须完全限定 System 类和方法即可直接使用它们。例如可以改写为"Console.WriteLine"，而不必写成"System.Console.Writeline"。

3．class 关键字

C# 是一种面向对象语言，使用 class 关键字表示类。我们编写的代码都应该包含在一个类里面，类要包含在一个命名空间中，在程序模板生成时，Visual Studio 自动创建了一个类，名称为 Program。当然如果不喜欢也可以改掉它。

注意 C# 不要求类名必须与源文件的文件名相同。

当然，在 C# 中包含了很多关键字，C# 中的所有有关键字，有兴趣的读者可以参考附录 B，这些关键字在 Visual Studio 开发环境的代码视图中默认以蓝色显示。

4．Main()方法

和 C 语言一样，在 C# 中 Main()方法同样是程序运行入口，应用程序从这里开始运行。但是在 C# 中 Main()方法的首字母必须大写，Main()方法的返回值可以是 void 或者 int 类型，Main()方法也可以没有命令行参数。所以，C# 中 Main()方法有如下 4 种形式：

形式一：
Static void Main(sting[]args){   }

形式二：
Static int Main(string[]args){   }

形式三：
Static void Main(){   }

形式四：
Static int Main(){   }

这 4 种 Main()形式都是对的，可以根据需要自行选择。代码模板自动生成的是形式一。

5．关键代码

Main()方法中添加的两行代码是该程序的关键代码，是用来实现输出和输入功能的，即

Console.WriteLine("Hello World!");   //从控制台输出内容
Console.ReadLine();   //从控制台读入内容

▶ 任务实施

任务 1-2 实现从控制台输入两件商品的信息(商品名称、数量)，然后将其输出到控制台。为了对比加号连接与格式字符串输出，另要求：使用 + 连接输出第一件商品的信息，使用格式字符串输出第二件商品的信息。

实现具体步骤如下：

(1) 打开 Visual Studio 2012。在 VS 菜单栏中选择"文件"→"新建"→"项目"选项，打开"新建项目"对话框。

(2) 在左侧的项目类型中选择"Visual C#"，在右侧的模板列表中选择"控制台应用程序"。

(3) 在"名称"栏中输入"ProductsOutput"。

(4) 为项目选择一个保存的位置，例如"F:\Debug\"。

(5) 单击"确定"按钮后，就创建了一个 C# 代码模板。在代码模板的 Main()方法中输入如下关键代码：

string name1;
string name2;

```
int num1;
int num2;
Console.WriteLine("请输入第一件商品的名称");
name1 = Console.ReadLine();
Console.WriteLine("请输入第一件商品的数量");
num1 = int.Parse(Console.ReadLine());
Console.WriteLine("请输入第二件商品的名称");
name2 = Console.ReadLine();
Console.WriteLine("请输入第二件商品的数量");
num2 = int.Parse(Console.ReadLine());
Console.WriteLine("第一件商品的名称" + name1 + ", 数量" + num1);
Console.WriteLine("第二件商品的名称{0},数量{1}", name2, num2);
Console.ReadLine();
```

(6) 点击"F5"键进行调试，调试结果如图 1-14 所示。

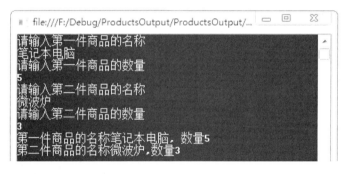

图 1-14　运行结果

▶ 知识拓展

1. 使用命令行编译程序

除了使用 Visual Studio 集成开发环境外，也可以使用 C# 的编译器(csc.exe)在命令行下编译程序。当然，前提是计算机中已经安装了 .NET Framework。

C# 编译器位于 C:\Windows\Microsoft.NET\Framework\.NET 框架的版本号\目录下。使用时，可以打开"记事本"程序，输入相应代码。然后保存文档，并命名扩展名为 .cs 的文件名，如 Hello.cs。运行 C# 编译器，并输入命令行命令：

　　csc Hello.cs

点击"回车"键，即可得到运行结果。

2. 创建 Windows 应用程序

在本节中，我们学习了使用 Visual Studio 创建控制台应用程序的方法。其实创建 Windows 应用程序的方法与创建控制台应用程序的方法类似，有兴趣的读者可以练习调试一下。

▶ 归纳总结

在本节中，我们介绍了使用集成开发环境 Visual Studio 2012 创建与调试控制台应用程序的方法，使用 Console 类中的 WriteLine() 与 ReadLine() 方法实现控制台的输出与输入，了解了 C# 控制台应用程序的基本结构。

实训练习 1

一、选择题

1．能作为 C# 程序的基本单位是(　　)。　　　　　　　　　　　　　　(选择一项)
　　A．字符　　　　　　B．语句　　　　　　C．函数　　　　D．源程序文件
2．在 C# 程序中，程序的执行总是从(　　)方法开始的。　　　　　　(选择一项)
　　A．namespase　　B．class　　　　　　C．Main　　　　D．Program
3．在 C# 中，可以使用 Console.WriteLine() 方法实现控制台的输出。下列使用 Console.WriteLine() 方法正确的有(　　)。　　　　　　　　　　　　　(选择三项)
　　A．Console.WriteLine();
　　B．Console.WriteLine("格式字符串", 变量, "格式字符串", 变量);
　　C．Console.WriteLine(表达式);
　　D．Console.WriteLine("格式字符串", 变量列表);
4．使用 Visual Studio 2012 可以创建下列哪类应用程序? (　　)　　(选择四项)
　　A．控制台应用程序　　　　　　　　B．Windows 应用程序
　　C．ASP.NET Web 应用程序　　　　　D．智能手机应用程序
5．字符串连接运算符包括 & 和(　　)。　　　　　　　　　　　　　(选择一项)
　　A．+　　　　　　　B．-　　　　　　　C．*　　　　　　D．/
6．C# 语言是一种面向(　　)的语言。　　　　　　　　　　　　　　(选择一项)
　　A．机器　　　　　　B．过程　　　　　　C．对象　　　　D．服务

二、实训操作题

1．使用 C# 语言开发一个新的控制台应用程序，实现在屏幕上显示"Hello C#"的功能。

2．分别使用两种方法实现提示用户输入某位学生的语文、数学、英语三个科目的成绩，并输出。(提示：分别使用 + 和格式字符串进行连接输出)

单元 2　C# 语言基础知识

任务 2.1　数据类型与表达式

▶ **任务描述**

编写程序定义 5 个整型变量 a、b、c、d、e，实现判断 a、b 取值的大小关系以及计算表达式 --a*b++ + c%d/e 的值，并输出在屏幕上。

▶ **预备知识**

2.1.1　C# 中的基本数据类型

每种开发语言都有它的数据类型。C# 语言将数据划分成多种数据类型，例如整数类型、实数类型、字符串类型、布尔类型等。这些数据类型都是以符合人类世界和自然世界的逻辑而出现的，让人容易理解数据在计算机内的处理过程，可以说，它们是架通人类思维与计算机的桥梁，如表 2-1 所示。

表 2-1　C# 中常用数据类型举例

常用数据类型	关键字	举　　例
整型	int	年龄
浮点型	float	成绩
双精度型	double	圆周率
字符串	string	课程名称
布尔型	bool	是否团员

不同的数据类型，在计算机中所占的存储空间和处理方式是不一样的。人们只有了解了它的功能和限制，才能为程序设计选择合适的数据类型，达到通过编写代码来有效解决问题的目的。当然，我们在此只学习一些常用的基本数据类型，在 C# 中支持的所有数据类型参见附录 A。

1. 整数类型

在 C# 中，整数类型共有 8 种，不同的数据类型占用的存储空间和表示的范围是不一样的，具体如表 2-2 所示。

表 2-2　C# 中整数类型及说明

C# 整数类型	说　　明
sbyte	8 位有符号整数($-2^7\sim2^7-1$)
short	16 位有符号整数($-2^{15}\sim2^{15}-1$)
int	32 位有符号整数($-2^{31}\sim2^{31}-1$)
long	64 位有符号整数($-2^{63}\sim2^{63}-1$)
byte	8 位无符号整数($0\sim2^8-1$)
ushort	16 位无符号整数($0\sim2^{16}-1$)
uint	32 位无符号整数($0\sim2^{32}-1$)
ulong	64 位无符号整数($0\sim2^{64}-1$)

2．实数类型

在 C# 中，实数类型共有 3 种，具体如表 2-3 所示。

表 2-3　C# 中实数类型及说明

C# 整数类型	说　　明
float	单精度浮点数，占 4 个字节，7 位有效数字
double	双精度浮点数，占 8 个字节，15～16 位有效数字
decimal	十进制型，占 12 个字符，28～29 位有效数字

float 类型需要在实数后加上类型说明符 f 或 F，double 类型需要在实数后面加上 d 或 D，decimal 类型则需要在实数后面加上 m 或 M，举例如下：

```
float v=2.36f;              //声明 float 类型变量 v，并对 v 进行初始化
double a=3E+2,b=2.6d;       //声明 double 类型变量 a 和 b，并对 a 和 b 进行初始化
decimal i=3.141m;           //声明 decimal 类型变量 i，并对 i 进行初始化
```

decimal 类型保留的有效数字位数较多，通常用于财务和货币计算。系统将不带任何后缀的实数默认为 double 类型，在将实数变量赋值给 float 或 decimal 类型变量时，必须在实数后面加上类型说明后缀。例如，书写如下语句：

```
float v=2.36
```

将会出现编译错误，将 2.36 默认为 double 类型，不能将 double 类型值赋给 float 类型。

3．字符类型

字符(char)类型表示 Unicode 字符，是无符号 16 位整数，数据范围是 0～65 535 的 Unicode 字符集中的单个字符。char 类型需要使用单引号引起来。char 类型的值可以写成以下形式：

```
'C'                 \\单个字符
'\u0036'            \\Unicode 字符值
'\n'                \\转义字符
'(char)63'          \\带有数据类型强制转换符的整数类型 int
```

转义字符是以反斜杠“\”开头的两个特殊字符标记，表达特定的含义。C# 中常见的转义字符如表 2-4 所示。

表 2-4　C# 中常见转义字符及说明

转义字符	功　能	说　　明
\0	空格	常放在字符串末尾，作为字符串结束标志
\a	蜂鸣声	产生"嘀"的一声蜂鸣
\b	退格	光标向前移动一个位置
\t	水平制表	跳到下一个 Tab 位置
\n	换行	把当前行移动到下一行首部
\v	垂直制表	把当前行移动到下一个垂直 Tab 位置
\f	换页	把当前行移动到下一页开头
\r	回车	将当前位置移到本行开头
\"	双引号	输出双引号
\'	单引号	输出单引号
\\	反斜杠	输出反斜杠

4．字符串类型

字符串(string)类型是任意长度的 Unicode 字符序列，占用的字节数根据字符的多少而定。string 类型允许只包含一个字符，也可是不包含任何字符的空字符串。字符串类型需要使用双引号引起来。例如：

```
" "                  //空字符串
"S"                  //仅包含一个字符的字符串
"S1A"                //包含三个字符的字符串
```

5．布尔类型

布尔(bool)类型，也称为逻辑类型，其取值只有两个：true 或 false。用 true 表示真，用 false 表示假。在实际应用中，bool 类型用来表示条件是否成立或者表达式的真假。例如：

```
Bool flag=false;           //定义布尔类型的变量 flag，取值为 false
Bool real=(4==2+2)         //定义布尔类型的变量 real，判断 4 是否等于 2+2，real=true
```

在 .NET 中，系统分配了一个字节来存储布尔类型的数据，这样做是为了使处理器能更高效地工作。

2.1.2　常量与变量

1．常量

在大部分高级程序语言中，在一个变化过程中始终保持不变的量，我们称它为常量。常量可以是不随时间变化的某些量和信息，也可以是表示某一数值的字符或字符串，常被用来标识、测量和比较。

在编写程序时，可能会反复用到同一个数据，如圆周率。此时，使用常量就可以大大提高程序的可读性，并易于维护。常量有直接常量和符号常量两种。

(1) 直接常量。

直接常量就是数据本身，包含数值常量、字符常量、字符串常量、布尔常量等。例如，数值常量：23，100，2.35E-6；字符常量：'C'，'好'；字符串常量："520"，"微型计算机"；布尔常量：true，false。

(2) 符号常量。

符号常量通常是由用户自定义符号代表一个常量。例如，在计算股票收益时，股票价格经常变动，这时我们将股票价格定义为符号常量，当价格发生变动时，只需修改常量定义就可以了。常量定义格式如下：

  const 类型 常量名=常量表达式

例如：

  const double PI=3.14;

当程序中遇到 PI 时，会自动被替换成 3.14。

2．变量

变量，顾名思义，是指在程序的执行过程中其值可以发生改变的量。在 C#中，变量和变量名总是联系在一起的，两者之间一一对应。要使用变量，必须为变量命名。

在 C# 中，不论是变量、常量，还是方法、类、对象，它们的名称统称为标识符。标识符的命名规则如下：

(1) 标识符只能由汉字、字母、数字、下划线组成。

(2) 标识符必须以汉字、字母或下划线开头，后面字符必须是汉字、字母、数字或下划线。

(3) 标识符不能是系统关键字。系统关键字参考附录 B。

在 C#中，变量必须先定义、后使用(先声明后使用)，定义即为变量命名指定数据类型。变量的定义格式如下：

  数据类型 变量名列表

例如：

```
int number;                    //定义一个整形变量 number
float radius,perimeter;        //定义两个单精度类型变量 radius 与 perimeter
string str;                    //定义一个字符串类型变量 str
```

定义变量就是把变量所属的数据类型告诉系统，以便系统为该变量分配相应大小的内存空间。定义变量后，人们可以给变量赋初值，当然也可以在定义时给变量赋值。使用赋值符 "="给变量赋值。

例如：

```
int var1;                      //定义一个整型变量 var1
var1=12;                       //给整型变量 var1 赋值为 12
int var2=15;                   //在定义整型变量 var2 的同时给 var2 赋值为 15
```

2.1.3   数据类型转换

类型转换是编写程序中经常遇到的问题，C# 也支持类型转换。所谓类型转换即在一定条件下，将一种数据类型进行混合处理转换为另外一种数据类型的过程。如把一个 short 数据类型转换为 int 数据类型，此时就要考虑类型之间的转换问题。

在 C# 中，类型转换有隐式转换和显式转换。

1. 隐式转换

隐式转换是系统默认的转换方式，不需要加以声明就可以进行的转换。编译器根据不同类型之间的转换规则自动进行隐式转换。

隐式转换遵守"由低级类型向高级类型转换，结果为高级类型"的原则。可以进行隐式转换的数据类型如表 2-5 所示。

表 2-5　可隐式转换的数据类型

转换前的类型	转换后的类型
sbyte	short，int，long，float，double 或 decimal
byte	short，ushort，int，uint，long，ulong，float，double 或 decimal
short	int，long，ulong，float，double 或 decimal
ushort	int，uint，long，ulong，float，double 或 decimal
int	long，float，double 或 decimal
uint	long，ulong，float，double 或 decimal
long，ulong	float，double 或 decimal
float	double
char	ushort，int，uint，long，ulong，float，double 或 decimal

需要注意的是，布尔类型没有隐式转换，这就意味着整形值不会自动转换成布尔型的值。

【例 2-1】 隐式转换实例。

```
using System;
    ⋮
namespace AutoConvert
{
    class Program
    {
        static void Main(string[] args)
        {   byte x = 16;
            Console.WriteLine("x={0}", x);
            ushort y = x;
            Console.WriteLine("y={0}", y);
            y = 65535;
            Console.WriteLine("y={0}", y);
            float z = y;
            Console.WriteLine("z={0}", z);
        }
    }
}
```

运行结果如图 2-1 所示。

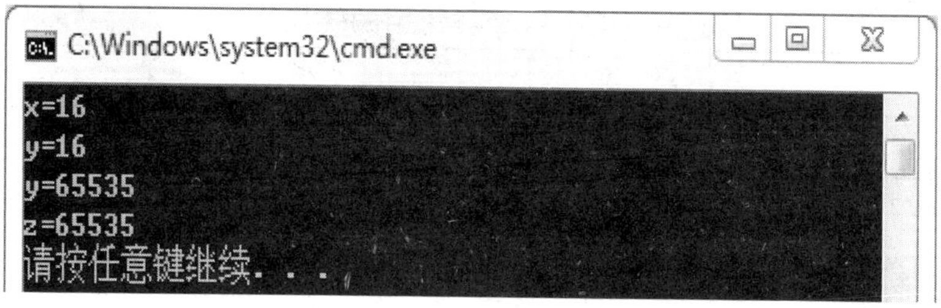

图 2-1 运行结果

如果在上面程序的语句之后加上 y＝y＋1，则编译器提示：无法将类型"int"隐式转换为"ushort"。读者可以思考一下，这是为什么？

2．显式转换

显式转换又称为强制类型转换，是指用户明确指定转换类型的强制进行的数据类型转换。不符合隐式转换规则的数据转换必须使用显式转换。显式转换可能会导致信息丢失。

显式转换遵守"由高级类型向低级类型转换，结果为低级类型"的原则。

显式类型转换常用的方法有以下 4 种：

（1）使用类型转换关键字进行转换。

使用类型转换关键字是指在代码中明确指示将某一类型的数据转换为另一种类型。显式转换的一般语法如下：

(数据类型说明符)数据

例如：

```
int x=200
short z=(short)x;
float b
double c=1.6;
b=(float)c
```

显式转换时可能导致数据的丢失，例如：

```
decimal d=123.23M
int x=(int)d;          //x=123
```

需要注意的是，进行显式数值转换时，如果将 float、double、decimal 类型转换为 int 类型，则总是将小数四舍五入为最接近的偶数值。如果转换结果超出目标类型，将出现转换异常。如果是将 double 类型转换为 float 类型，或将 decimal 类型转换为 float 或 double 类型，小数的值将通过四舍五入为最接近的值，这种转换可能使精度降低，但不会引起异常。

（2）使用 Convert 类进行转换。

Conver 类是一个转换类，用于将一种数据类型转换成另一种数据类型。Conver 类属于静态类，不创建类的实例，在程序中可以直接使用其方法。

Convert 类常用的转换方法如表 2-6 所示。

表 2-6　Convert 类常用的转换方法

方　　法	说　　明
ToBoolean(数值)	将数值转换成 bool 类型，非 0 为 true，0 为 false
ToBoolean(字符串)	将字符串 "true" 或 "false" 转换成 bool 类型
ToByte(数字字符串)	将数字字符串(不包含小数点)转换成 byte 类型
ToChar(数值)	将数值转换成相应 ASCII 对应字符
ToDateTime(日期字符串)	将日期字符串转换为相应的日期类型数据
ToDecimal(数字字符串)	将数字字符串转换成 decimal 类型
ToDouble(数字字符串)	将数字字符串转换成 double 类型
ToInt32(数字字符串)	将数字字符串转换成 int 类型
ToSByte(数字字符串)	将数字字符串转换成 sbyte 类型
ToString(各种数据类型)	将其他数据类型转换为 string 类型

【例 2-2】　显式转换实例。

```
using System;
   ⋮
namespace CompulsoryConvert
{
    class Program
    {
        static void Main(string[] args)
        {
            double myDouble = 85.63;                    //原始数值
            int myInt;                                  //转换后的整型
            float myFloat;                              //转换后的浮点型
            string myString;                            //转换后的字符串
            Console.WriteLine("原始数值为 double  类型：{0}", myDouble);
            //开始转换
            myInt = Convert.ToInt32(myDouble);          //转换为整型
            myFloat = Convert.ToSingle(myDouble);       //转换为浮点型
            myString = Convert.ToString(myDouble);      //转换为字符串
            //输出
            Console.WriteLine("转换后：");
            Console.WriteLine("int\t float\t string");
            Console.WriteLine("{0}\t {1}\t {2}", myInt, myFloat, myString);
```

```
Console.ReadLine();
      }
    }
  }
```

运行结果如图 2-2 所示。

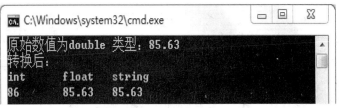

图 2-2　运行结果

从以上运行结果可以看到：当转换成 int 型时，进行了四舍五入的计算，但它与显式类型转换是不同的，我们使用显式类型转换将 85.63 转换为 int 型结果是 86，直接将小数点后的数字舍弃掉了。

(3) 使用 Parse()方法进行转换。

Parse()方法只用于将特定格式的字符串转换为其他数据类型。Parse()方法的语法格式如下：

　　　　数据类型说明符.Parse(特定格式的字符串)

例如：

```
int x=int.Parse("456");                    // x=456
DateTime dt = DateTime.Parse("2013-10-25");    // dt=2013/10/25 0:00:00
```

(4) 使用 ToString()方法进行转换。

ToString()方法可以将其他数据类型的变量值转换为字符串类型。ToString()方法的语法格式如下：

　　　　变量名称.ToString()

例如：

```
int x=456;
string s=x.ToString();      // s="456"
```

2.1.4　运算符与表达式

1. 运算符

运算符的范围非常广泛，有简单的，也有非常复杂的。简单的操作包括所有的基本算术运算操作(如 +、−、*、/)，而复杂的操作则包括通过变量内容的二进制表示来处理它们。还有专门用于处理布尔值的逻辑运算符、赋值运算符。本节主要学习常见简单的运算符。

运算符大致分为如下 3 类：

(1) 一元运算符，处理一个操作数。

(2) 二元运算符，处理两个操作数。

(3) 三元运算符，处理三个操作数。

大多数运算符都是二元运算符，只有几个一元运算符和一个三元运算符，即条件运算符。

2．表达式

表达式是由数字、运算符、数字分组符号(括号)等以能求得数值的有意义排列方法所得的组合。

表达式的类型由参与运算的运算符类型决定。在 C# 中，常用的运算符与表达式有算术运算符与算术表达式，字符串运算符与字符串表达式，关系运算符与关系表达式，逻辑运算符与逻辑表达式，条件运算符与条件表达式，赋值运算符与赋值表达式。

(1) 算术运算符与算术表达式。

由算术运算符与操作数构成的表达式称为算术表达式。算术运算符及举例说明如表 2-7 所示。

表 2-7　算术运算符及举例说明

运算符	类型	示例表达式	结　　果
+	二元	var1 = var2 + var3;	var1 的值是 var2 与 var3 的和
−	二元	var1 = var2−var3;	var1 的值是从 var2 减去 var3 所得的值
*	二元	var1 = var2 * var3;	var1 的值是 var2 与 var3 的乘积
/	二元	var1 = var2 / var3;	var1 的值是 var2 除以 var3 所得的值
%	二元	var1 = var2 % var3;	var1 的值是 var2 除以 var3 所得的余数
++	一元	var1 = ++var2;	var1 的值是 var2+1，var2 递增 1
−−	一元	var1 = −−var2;	var1 的值是 var2−1，var2 递减 1
++	一元	var1 = var2++;	var1 的值是 var2，var2 递增 1
−−	一元	var1 = var2−−;	var1 的值是 var2，var2 递减 1

求余运算也称为求模运算，例如 7%3 = 1。与 C 语言中要求该运算两边的操作数均为整数不同，C# 中的求余运算的操作数可以是实数，例如，6%1.5=0。

递增 ++ 或递减 −− 运算符是一元运算符，可以放在操作数的前面或者后面，实现值每次运算时自动加 1 或者减 1。

++ 总是将值加 1，−− 总是将值减 1，但是放在前面或者后面是不同的。它们的区别在于：++ 在前，是先将操作数的值加 1，然后使用。++ 在后，是先使用操作数的值，然后将操作数加 1。递减 −− 运算符同理。

例如：

```
int var1,var2 = 3,var3 =4;
var1 = var2++ *−−var3;
```

var1 的值等于 9(3*3)，运算后 var2 为 4，var3 为 3。

(2) 字符串运算符与字符串表达式。

字符串表达式由字符串常量、字符串变量和字符串运算符组成。字符串运算符只有一个，即"+"，表示将两个字符串连接起来。字符串运算符及举例说明如表 2-8 所示。

表 2-8 字符串运算符及举例说明

运算符	类型	示例表达式	结　果
+	二元	str1="微型"+"计算机"	str1 的结果是微型计算机
		var1 = var2 + var3;	var1 的值是存储在 var2 和 var3 中的字符串的连接值

(3) 关系运算符与关系表达式。

关系运算符用于比较两个操作数之间的关系，若关系成立，则返回一个逻辑真(true)；否则返回一个逻辑假(false)。关系运算符及举例说明如表 2-9 所示。

表 2-9 关系运算符及举例说明

运算符	类型	示例表达式	结　果
==	二元	var1 = var2==var3;	如果 var2 等于 var3，var1 的值就是 true；否则为 false
!=	二元	var1 = var2 != var3;	如果 var2 不等于 var3，var1 的值就是 true；否则为 false
<	二元	var1 = var2<var3;	如果 var2 小于 var3，var1 的值就是 true；否则为 false
>	二元	var1 = var2>var3;	如果 var2 大于 var3，var1 的值就是 true；否则为 false
<=	二元	var1 = var2 <= var3;	如果 var2 小于或等于 var3，var1 的值就是 true；否则为 false
>=	二元	var1 = var2 >= var3;	如果 var2 大于或等于 var3，var1 的值就是 true；否则为 false

在使用关系运算符进行比较时，如果两个操作数是数值型，则按大小比较；如果两个操作数是字符型，则按照字符的 Unicode 值从左到右一一比较，即先比较第一个，若关系成立再比较第二个，直到关系不成立(false)或比较完毕为止。

(4) 逻辑运算符与逻辑表达式。

逻辑运算符又称为布尔运算符，其作用是对操作数(表达式或数值)进行逻辑运算，得到 bool 类型的结果。在 C# 中，最常用的逻辑运算符及举例说明如表 2-10 所示。

表 2-10 逻辑运算符及举例说明

运算符	类型	示例表达式	结　果
&&	二元	var1=var2&&var3;	如果 var2 和 var3 都是 true，var1 的值就是 true；否则为 false (逻辑与)
||	二元	var1=var2|| ar3;	如果 var2 或 var3 是 true(或两者都是)，var1 的值就是 true；否则为 false (逻辑或)
!	一元	var1= !var2;	如果 var2 是 false，var1 的值就是 true；否则为 false(逻辑非)

(5) 条件运算符与条件表达式。

条件运算符是 C#中唯一的一个三元运算符。条件运算符及举例说明如表 2-11 所示。

表 2-11　条件运算符及举例说明

运算符	类型	示例表达式	结　　果
?:	三元	var1=条件表达式?表达式 1: 表达式 2	如果条件表达式的值为 true，则执行表达式 1； 否则执行表达式 2

在实际使用中，条件运算符还可以嵌套。例如：

```
string result = score > 90 ? "优秀" : score < 60 ? "不合格" : "合格";
```

当 score 的值大于 90 时，result 的值为优秀；当 score 的值小于 60 时，result 的值为不合格；当 score 的值介于 60 与 89 之间时，result 的值为合格。

(6) 赋值运算符与赋值表达式。

赋值运算就是给一个变量赋一个值。常用的赋值运算符是=，其作用是将某一数值赋给某个变量。其实还有很多其他的赋值运算符。赋值运算符及举例说明如表 2-12 所示。

表 2-12　赋值运算符及举例说明

运算符	类型	示例表达式	结　　果
=	二元	var1 = var2;	var1 被赋予 var2 的值
+=	二元	var1 += var2;	var1 被赋予 var1 与 var2 的和
−=	二元	var1−= var2;	var1 被赋予 var1 与 var2 的差
*=	二元	var1 *= var2;	var1 被赋予 var1 与 var2 的乘积
/=	二元	var1 /= var2;	var1 被赋予 var1 与 var2 相除所得的结果
%=	二元	var1 %= var2;	var1 被赋予 var1 与 var2 相除所得的余数

3. 运算符的优先级与结合性

当表达式中有多个运算符时，就要考虑运算符的计算顺序，即运算符的优先级与结合性。优先级是指当一个表达式中出现多个不同的运算符时先计算哪个运算符。结合性是指一个表达式中有多个运算符时运算的顺序，即是从左至右还是从右至左。

(1) 优先级。

我们在前面学习了多种运算符，那么这些运算符的优先级如何处理？在使用时可以参考表 2-13 所示的运算符优先级(由高→低排列)。

表 2-13　运算符优先级

类　　　别	运　算　符
一元运算符	+ (取正)，− (取负)，!，++x，−−x
乘、除、求余运算符	*，/，%
加、减运算符	+，−
关系运算符	<，>，<=，>=
关系运算符	==，!=
逻辑与运算符	&&
逻辑或运算符	‖
条件运算符	?:
赋值运算符	=，+=，−=，*=，/=，%=

从上表可以看出，一元运算符的优先级最高；若用 ">" 表示 "优先级高于" 关系，则有算术运算符 > 关系运算符 > 逻辑运算符 > 条件运算符 > 赋值运算符。相同类别的运算符优先级也有高低之分，如在算术运算符中，*、/、% 的优先级高于 +、−；在关系运算符中，<、>、<=、>= 的优先级高于 == 和 !=；在逻辑运算符中，! 高于 &&，&& 高于 ‖。

注意　如果表达式中有圆括号，则先算括号里面的表达式。

(2) 结合性。

结合性是从运算方向上控制运算顺序，用来确定相同优先关系运算符之间的运算顺序。赋值运算符与条件运算符是从右到左结合的，除赋值运算符外的所有二元运算符都是从左到右结合运算的。

例如：

a+b+c;	等价于　(a+b)+c;，	左结合
a=b=c;	等价于　a=(b=c);，	右结合
a>b?a:b>c?b:c;	等价于　a>b?a: (b>c?b:c);，	右结合

▶ 任务实施

任务 2-1　编写程序定义 5 个整型变量 a、b、c、d、e，实现判断 a、b 取值的大小关系以及计算表达式 −−a*b++ + c%d/e 的值，并输出在屏幕上。

实现步骤：

(1) 在 Visual Studio 中创建一个新的控制台应用程序项目，项目命名为 ExpressionSimpl。

(2) 实现代码如下所示：

```
using System;
⋮
namespace SimpleAddComputer
{
    class Program
    {
        static void Main(string[] args)
        {   //定义变量及赋值
            int a = 8, b = 3, c = 5, d = 2, e = 7;
            //定义存储计算结果变量 resultVar 并赋初值为 0
            int resultVar=0;
            //计算表达式并将结果值存储于变量 resultVar 中
            resultVar += --a * b++ + c % d / e;
            //将 a 与 b 比较的结果存储于字符串变量 resultComp 中
            string resultComp = (a > b) ? "3 大于 5" : "3 小于 5";
            //在屏幕中输出 resultVar 的值
            Console.WriteLine(resultVar);
            //在屏幕中输出 a 的值
```

```
            Console.WriteLine(a);
            //在屏幕中输出 b 的值
            Console.WriteLine(b);
            //在屏幕中输出 resultComp 的值
            Console.WriteLine(resultComp);
            //等待用户从键盘输入数据，产生暂停效果
            Console.Read();
        }
    }
}
```

运行结果如图 2-3 所示。

图 2-3　运行结果

▶ **知识拓展**

虽然变量的命名只要满足变量的命名规则就是一个 C#可以接受的变量名，在语法上没有错误，如果取一些没有规律的变量名，不仅难记，也很难养成良好的编程习惯，因此在具体使用时，通常遵循以下的变量命名规范：

(1) 变量的名称要有意义，尽量用对应的英文命名。比如一个变量代表姓名，不要使用 a1、b1 等，要使用 name。

(2) 尽量不使用单个字符命名变量，如 a、b、c 等，应使用 temp、first 等，但循环变量除外。

(3) 当使用多个单词组成变量时，应使用骆驼(Camel)命名法，即第一个单词的首字母小写，其他单词的首字母大写，如 myName、myAge 等。

▶ **归纳总结**

在本节中，介绍在 C#中常用的基本数据类型，常量与变量的定义方法，数据类型之间的转换方法，运算符与表达式以及它们之间的优先级和结合性。对这些知识的学习将为今后深入学习打下坚实的基础，需要牢固掌握。

任务 2.2　系统方法中字符串处理方法与用户自定义方法

▶ **任务描述**

使用自定义方法实现从键盘上输入圆的半径，输出圆的周长和面积。

▶ **预备知识**

2.2.1 系统方法中字符串处理方法

在 .NET 开发中，使用了很多用 .NET 定义的类的方法，.NET 自身也在不断地升级和完善，我们不用关心微软到底做了哪些修改，只要知道有这样一个类或这样一个方法，直接拿来用就行了。其实系统方法在前面已经用到过很多，比如 Main()方法、Console.WriteLine()方法、Console.ReadLine()方法等。这些方法可帮助我们方便地实现我们想要实现的功能。

在系统方法中，有一类方法是在编程过程中最常用的，那就是 String 类中的字符串处理方法。C# 中的 String 类位于 System 命名空间中，属于 .NET Framework 类库，而我们以前一直在用的 string 只不过是 String 类在 C# 中的一个别名。

String 类中最常用的一些字符串处理方法如表 2-14 所示。

表 2-14 String 类常用方法

方　　　法	说　　　明
bool Equals(string value)	比较一个字符串与另一个字符串 value 的值是否相等，相等返回 true，不相等返回 false。它与 "==" 的作用一样
int Compare(string strA,string strB)	比较两个字符串的大小关系，返回一个整数，如果 strA 小于 strB，返回值小于 0；如果 strA 等于 strB，返回值为 0；如果 strA 大于 strB，返回值大于 0
int IndexOf(string value)	获取指定的 value 字符串在当前字符串中第一个匹配项的索引；如果找到了 value，就返回它的索引，如果没有找到，就返回 –1
int LastIndexOf(string value)	获取指定的字符串 value 在当前字符串中最后一个匹配项的索引，如果找到了 value，就返回它的索引；如果没有找到，就返回 –1
string Join(string separator,string[] value)	把字符串数组 value 中的每个字符串用指定的分隔符 separator 连接，返回连接后的字符串
sting[] Split(char separator)	用指定的分隔符 separator 分隔字符串，返回分割后的字符串组成的数组
string SubString(int startIndex,int length)	从指定的位置 startIndex 开始检索长度为 length 的子字符串
string ToLower()	获得字符串的小写形式
string ToUper()	获得字符串的大写形式
string Trim()	去掉字符串两端的空格

下面，我们就举例说明 Stirng 类中，字符串处理方法的具体应用。

【例 2-3】 从邮箱地址中提取用户名。

实现代码如下：

```
using System;
    ⋮
```

```
namespace AutoConvert
{
    class Program
    {
        static void Main(string[] args)
        {
            Console.WriteLine("请输入你的邮箱地址：");
            string email= Console.ReadLine();
            Console.WriteLine("你的邮箱地址是：{0}",email);
            int position=email. LastIndexOf("@");
            string emailName=email.SubString(0,position) ;
            Console.WriteLine("你的邮箱用户名是：{0}", emailName);
        }
    }
}
```

运行结果如图 2-4 所示。

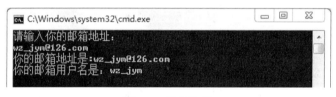

图 2-4　运行结果

从上面例子中，我们通过 IndexOf() 获得@的索引，通过 Substring() 获得用户名，通过
Trim().ToLower()处理输入中的空格、大写，通过 Equals()判断字符串的值是否相等等，这
些方法可帮助我们在程序设计过种程有效地处理所遇到的字符串。

下面简要的介绍一下其他字符串处理方法的使用方法。

1．大、小写转换

ToUpper()方法：把字符串中所有的字母都变成大写。例如：

```
string str="WelcomE";
str.ToUpper();                     // str="WELCOME"
```

ToLower()方法:把字符串中所有的字母 都变成小写。例如：

```
str.ToLower();                     // str= ="welcome";
Char.IsUpper(str,n)                //判断一个字符串中的第 n 个字符是否是大写
```

2．去空格

```
myString = myString.Trim();               //同时删除字符串前后的空格
char[] trimChars = {' ', 'e', 's'};       //准备删除的字符
myString = myString.Trim(trimChars);      //删除所有指定字符
myString = myString.TrimEnd();            //删除字符串后的空格
myString = myString.TrimStart();          //删除字符串前的空格
```

3．替换字符串

Replace(str1，str2)：将字符串中的 str1 子串替换为 str2。例如：

```
string str="welcome to Beijing!";
string newStr=MyString.Replace("Beijing", "Shangqiu");
```

变量 newStr 的结果为"welcome to Shangqiu!"。

4．求子串

SubString (int i,int j)方法：从 str1 字符串的 n1 个字符开始，截取长度为 n2 的子串 str1.SubString(n1,n2)。例如：

```
string str1="people";
string str2=str1.SubString(0,3);          // str2="peo"
```

5．获取位置

IndexOf(string str)方法：从 str1 字符串找出第一次出现某子字符串的位置(即索引)。

```
string str1="you are welcome";
int n=str1.IndexOf("are");
```

那么 n 的值为 4。

6．字符串比较

Compare(str1,str2)方法：静态方法，用于比较两个字符串是否相等，若相等则返回 0；否则返回 −1 或 1。例如：

```
int i=string.Compare("yes", "no");          // i=−1
int j=string.Compare("yes", "yes");          // j=0
```

字符串比较 Equals，为非静态方法：

```
str1.Equals(str2)
```

注意　一个可能为 null 的字符串不可以使用 equals 方法，会报出异常：未将对象引用设置到对象实例！

7．拆分字符串

```
string[]     s=str.Split(char c,[int n]);
```

将字符串从指定的字符 c 处拆分，并且返回前 n 个字符串，拆分的结果放在字符串数组里。

```
string myStr="My name is Lily";
string[] Strs = myStr.Split(' ',3);
```

结果 strs 数组里有 3 个元素 "My"、"name"、"is"。

8．Format 方法

String 类提供了一个很强大的 Format()方法来格式化字符串。Format()方法允许把字符串、数字或布尔型的变量插入到格式字符串当中，它的语法和 WriteLine()方法很像。语法：

```
string myString=string. Format("格式字符串", 参数列表);
```

例如：

string myString=string. Format("{0}乘以{1}等于{2}", 1, 2, 1*2);

其中，"{0}乘以{1}等于{2}"就是一个格式字符串，{0}、{1}、{2}分别对应于后面的 1、2、1*2，占位符中的数字 0、1、2 分别对应参数列表中的第 1、2、3 个参数，这和我们一直在 WriteLine()方法中的使用方式是一样的。那么这条语句的结果就是："1 乘以 2 等于 2"

2.2.2　用户自定义方法

虽然 .NET Framework 为我们提供了很多实用的系统方法，但是当要实现一些功能比较复杂并且要经常用到的方法时，系统方法就显得力不从心了，这时可以利用系统方法编写一些功能复杂的用户自定义方法。

C# 语言中的方法(Method)相当于其他编程语言(如 C 语言)中的函数。方法是包含一系列语句的代码块。

1．声明方法

声明方法最常用的语法格式如下：

　　　[访问修饰符] 返回值类型　方法名([形式参数列表])

　　　{

　　　　　//方法体

　　　}

(1) 访问修饰符。

方法的访问修饰符用以说明方法的作用范围。在本书中，使用两个访问修饰符，一个是 public(公有的)，另一个是 private(私有的)。方法的访问修饰符一般是 public，以保证在类定义外部能够调用该方法。

(2) 返回值类型。

方法的作用是实现专用处理的模块，可供他人调用，在调用后可以返回一个值。方法的返回值类型用于指定由该方法计算和返回的值的类型，可以是任意类型的数据。如果方法不返回任何值，则需要使用 void 关键字。

(3) 方法名。

每个自定义方法都要有一个方法名，方法名是一个合乎 C# 命名规范的标识符，方法的名称应该有名确的含义，否则在其他人使用时，不能清楚地知道这个方法能够实现什么功能。比如常用的 WriteLine()方法，从命名上就可以看出它是输出一行的意思。

在为方法命名时，应有一定的规范，方法名要有实际的含义，最好使用动宾短语，表示能够实现什么功能。方法名一般使用 Pascal 命名法，即如果方法名由多个单词构成，则每个单词的首字母都要大写。

(4) 形式参数列表。

在定义方法时，可以将形式参数放在一对圆括号中，以指定调用该方法时需要使用的参数个数、各个参数的类型，参数之间用逗号分隔，这些参数构成了形式参数列表。在调用方法时，它可以为方法中的形式参数传递相应的值。如果没有参数，就不用形式参数列表。

(5) 方法体。

方法体就是这个方法实现某一功能特定的代码段，我们将方法体放在一对大括号({})中。其中"{"表示方法体的开始，"}"表示方法体的结束。自定义方法时，应该先写方法的声明，包括访问修饰符、返回值类型、方法名、形式参数列表；然后写方法体。

如果方法有返回值，则方法体中必须包含一个 return 语句，以指定返回值，其类型必须和方法的返回值类型相同。如果方法无返回值，则方法体中可以不包含 return 语句或包含一个不指定任何类型的 return 语句。

2. 调用方法

方法声明完成之后，就可以调用该方法了。根据方法被调用的位置，可以分为在声明该方法的类的定义中调用该方法和在声明该方法的类定义外部(其他类中)调用该方法。

在声明方法的类的定义中调用该方法的语法格式如下：

　　　　方法名(实际参数列表)

在当前类中调用该方法，实际上是由类定义内部的其他方法成员调用该方法。

【例 2-4】　求两个整数的和。

```
using System;
⋮
namespace UserMethodAdd
{
    class Program
    {
        static void Main(string[] args)
        {
            int num1 = 2, num2 = 6;
            int result;
            result = Add(num1, num2);
            Console.WriteLine("{0}+{1}={2}",num1,num2,result);
        }

        public static int Add(int num1, int num2)
        {
            return num1 + num2;
        }
    }
}
```

在声明方法的类外部调用该方法，实际上是通过类声明的对象调用该方法，语法格式如下：

　　　　对象名.方法名(实际参数列表)

具体用法将在后面的章节中介绍。

▶ **任务实施**

任务 2-2　使用自定义方法实现从键盘上输入圆的半径，输出圆的周长和面积。

实现步骤：

(1) 在 Visual Studio 中创建一个新的控制台应用程序项目，项目命名为 AboutOfCircleCompute。

(2) 实现代码如下：

```
using System;
    ⋮
namespace AboutOfCircleCompute
{
    class Program
    {
        static void Main(string[] args)
        {
            float radius;
            Console.WriteLine("请输入圆的半径：");
            radius = float.Parse(Console.ReadLine());
            Console.WriteLine("圆的面积为：{0}",CircleArea(radius));
        }
        public static float CircleArea(float radius)
        {
            const float PI = 3.14f;
            float result = PI * radius * radius;
            return result;
        }
    }
}
```

(3) 运行结果如图 2-5 所示。

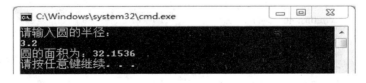

图 2-5　运行结果

▶ **知识拓展**

方法重载是让类以统一的方式处理不同类型数据的一种手段。在 C# 中，语法规定同一个类中两个或两个以上的方法可以用同一个名字，如果出现这种情况，那么该方法就被称为重载方法。当一个重载方法被调用时，C# 可根据调用该方法的参数自动调用具体的方法来执行。

在面向对象这样的高级语言中，都允许在一个类中定义多个方法名相同、方法间参数个数和参数顺序不同的方法，对于参数个数不同或者参数顺序不同的情况，我们称之为参数列表不同。需要注意的是，这里没有提到方法的返回值，即不能以返回值类型的不同实现方法重载。

决定方法是否构成重载有以下几个条件：

(1) 在同一个类中；

(2) 方法名相同；

(3) 参数列表不同。

【例 2-5】　方法重载举例。

```csharp
using System;
   ⋮
namespace OverloadingMethod
{
    class Program
    {
        static void Main(string[] args)
        {
            Program hay = new Program();
            hay.Print();
            hay.Print(123);
            hay.Print(12345);
            hay.Print(123, "steven");
            Console.Read();
        }
        public void Print()
        {
            Console.WriteLine("方法执行无参");
        }
        public void Print(int num)
        {
            Console.WriteLine("方法执行整型参数");
            Console.WriteLine(num);
        }
        public void Print(int num, string str)
        {
            Console.WriteLine("方法执行整型参数+字符串");
```

```
            Console.WriteLine(num);
        }
    }
}
```

运行结果如图 2-6 所示。

图 2-6　运行结果

▶ **归纳总结**

在本节中，我们学习了 C# 中系统方法与自定义方法的使用，重点介绍了系统方法中字符串处理方法的使用，自定义方法的声明与调用，这些方法将在后续的内容中被多次使用。同时，我们对方法重载做了简要的介绍，在某些特定场合使用方法重载，会达到事半功倍的效果。

任务 2.3　值传递方式与引用传递方式

▶ **任务描述**

编写程序实现两个数的交换。

▶ **预备知识**

在方法的声明与调用中，经常涉及方法参数。在方法声明中使用的参数叫形式参数(简称形参)；在调用方法中使用的参数叫实际参数(简称实参)。在调用方法时，参数传递就是将实参传递给形参的过程。

例如，在 Max 类定义中，声明方法时形参如下：

```
public static ChooseMax(int num1,int num2)
{
    //方法体
}
```

则声明对象 Max 后调用方法实参如下：

```
max.ChooseMax(n1,n2);
```

在 C# 中，参数传递分为两种：值传递方式和引用传递方式。

2.3.1　值传递方式

参数的值传递方式是指，当把实参传递给形参时，是把实参的值复制给形参，实参和形参使用的是两个不同内存中的值。因此，这种参数传递方式的特点是，当形参的值发生改变时，不会影响实参的值，从而保证了实参数据的安全。

【例 2-6】　使用值传递方式传递数据。

```csharp
using System;
　⋮
namespace TransferParmByVal
{
    class Program
    {
        static void Main(string[] args)
        {
            int number = 5;
            Console.WriteLine("调用 ModifyValue 方法前 number 值为：{0}",number);
            ModifyValue(number);
            Console.WriteLine("调用 ModifyValue 方法后 number 值为：{0}", number);
        }
        public static void ModifyValue(int number)
        {
            number = number + 5;
        }
    }
}
```

运行结果如图 2-7 所示。

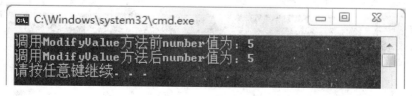

图 2-7　运行结果

说明　该方法完成了变量 number 加 5 的功能，但加 5 的仅是方法内的形参 nuber，实参 number 的值并没有修改。

2.3.2　引用传递方式

引用传递方式是指实参传递给形参时，复制的不是数据本身，而是数据的引用(即地址)。这样的话，实参和形参引用的是同一个数据对象。这种参数传递方式的特点是：改变形参数据取值时，实参的值也改变。

　　基本数据类型参数按引用方式传递时，在实参与形参前均须使用关键字 ref 或 out。ref 和 out 也是有区别的，使用 ref 型参数时，传入的参数必须先初始化；而对 out 型参数而言，则要在方法内完成初始化。这是因为 ref 可以把参数的数值传进去，而 out 参数会在传进去前先将参数清空。因此，在使用时，ref 侧重于传递数据，而 out 侧重于输出数据。

　　【例 2-7】　使用引用传递方式传递数据。

```
using System;
        ⋮
namespace TransferParamByRef
{
    class Program
    {
        static void Main(string[] args)
        {
            int number = 5;
            Console.WriteLine("调用 ModifyValue 方法前 number 值为：{0}", number);
            ModifyValue(ref number);
            Console.WriteLine("调用 ModifyValue 方法后 number 值为：{0}", number);
        }
        public static void ModifyValue(ref int number)
        {
            number = number + 5;
        }
    }
}
```

运行结果如图 2-8 所示。

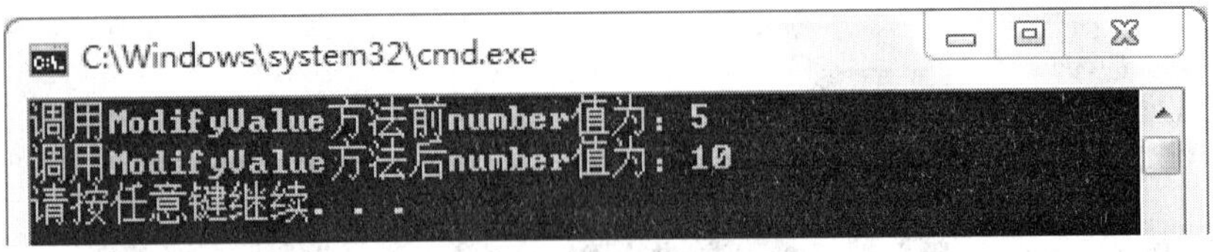

图 2-8　运行结果

读者可以思考一下，为什么此处调用后 number 的值变为了 10？

▶ 任务实施

任务 2-3　编写程序实现两个数的交换。

实现步骤：

(1) 在 Visual Studio 中创建一个新的控制台应用程序项目，项目命名为 ChangeTwoNumber。

(2) 实现代码如下：

```
using System;
    ⋮
namespace ChangeTwoNumber
{
    class Program
    {
        static void Main(string[] args)
        {
            int num1 = 6, num2 = 8;
            Console.WriteLine("交换前的两个数为：{0}和{1}",num1,num2);
            Swap(ref num1, ref num2);
            Console.WriteLine("交换后的两个数为：{0}和{1}", num1, num2);
        }

        public static void Swap(ref int num1, ref int num2)
        {
            int temp;
            temp = num1;
            num1 = num2;
            num2 = temp;
        }
    }
}
```

(3) 运行结果如图 2-9 所示。

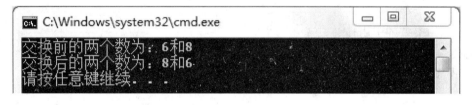

图 2-9　运行结果

▶ **知识拓展**

在前面的介绍中，我们提到基本数据类型可以通过添加 ref 或 out 关键字实现按引用传递，其实有些数据类型是不需要添加任何关键字即可实现按引用传递，因为这些数据本身即是引用类型。

在 C# 中，数据类型可以划分为值类型和引用类型。若想实现改变形参数据取值时，实参的值也改变，那么值类型数据需要添加 ref 或 out 关键字，而引用类型则不需要添加任何关键字。数据类型分类如表 2-15 所示。

表 2-15　数据类型分类

类　　别		描　　述
值类型	基本数据类型	整型：int
		长整型：long
		浮点型：float
		字符型：char
		布尔型：bool
	枚举类型	枚举：enum
	结构类型	结构：struct
引用类型	类	基类：System.Object
		字符串：string
		自定义类：class
	接口	接口：interface
	数组	数组：int[],string[]

在表 2-15 中，某些数据类型我们目前还没有学到，这些数据类型将在后续单元中作一介绍，如果读者有兴趣也可提前自学。

▶ **归纳总结**

在本节中，介绍了方法参数传递的两种传递方式：值传递方式与引用传递方式，以及这两种传递方式的使用方法，并对数据类型进行了分类。因此，在参数传递时就分为四种情况，分别为

(1) 值类型的值传递方式。

(2) 值类型的引用传递方式。

(3) 引用类型的值传递方式。

(4) 引用类型的引用传递方式。

在这 4 种传递方式中，只有值类型的值传递方式形参中值的改变不会影响实参，其他几种方式都将引起实参值的修改。

实训练习 2

一、选择题

1. 可以作为 C# 程序用户标识符的一组标识符是(　　)。　　　　　　　　　　(选择一项)

　　A. void　define　+WORD　　　　　　　B. a3_b3　_123　YN

　　C. for　-abc　Case　　　　　　　　　　D. 2a　DO　sizeof

2. 以下运算符中，(　)是三元运算符。　　　　　　　　　　　　　　　　(选择一项)

　　A. ?:　　　　　　B. =　　　　　　　　C. ++　　　　　　　　D. <=

3. 声明自定义方法，必须的组成部分有(　　)。　　　　　　　　　　(选择两项)

　　A．方法名　　　　　　B．访问修饰符　　　　C．形式参数列表　　　D．返回值类型

4. 在 C# 语言中，字符串处理方法 SubString 的作用是(　　)。　　　　(选择一项)

　　A．比较一个字符串与另一个字符串 value 的值是否相等

　　B．获取指定的 value 字符串在当前字符串中第一个匹配项的索引

　　C．从指定的位置 startIndex 开始检索长度为 length 的子字符串

　　D．去掉字符串两端的空格

5. 数据类型转换的类是(　　)。　　　　　　　　　　　　　　　　　(选择一项)

　　A．Mod　　　　　　　B．Convert　　　　　　C．Const　　　　　　D．Single

6. 数据的传递方式分为(　　)和(　　)。　　　　　　　　　　　　　(选择两项)

　　A．对象传递方式　　　　　　　　　　　　B．值传递方式

　　C．引用传递方式　　　　　　　　　　　　D．服务传递方式

二、实训操作题

1. 使得 C# 语言编写程序，创建控制台应用程序，实现提示用户输入圆的半径，计算圆的周长和面积并输出。

2. 使用 C# 语言中的字符串处理方法，实现将网址的地址截取出来。例如：输入 http://www.baidu.com，获得的结果为 www.baidu.com。

3. 编写自定义方法，实现将两个从键盘上输入的 float 类型的数据进行交换方法 Swap()，并在 Main 方法中调用。

单元 3　程序流程控制与数组

任务 3.1　C# 中流程控制语句

▶ 任务描述

实现模拟自助银行服务功能。

▶ 预备知识

语句是构成程序最基本的单位，程序运行的过程就是执行程序语句的过程。C# 采用面向对象编程思想和事件驱动机制，但在流程控制方面，C# 通过流程控制语句来执行程序流，完成一定的任务。

C# 程序设计中常用的三大基本结构为顺序结构、选择结构和循环结构。

3.1.1　顺序结构

顺序结构是最简单、最常用的基本结构。在顺序结构中，程序的执行按各语句的书写顺序逐条执行。顺序结构是其他结构的基础，在选择结构和循环结构中，总是以顺序结构作为它们的子结构。

【例 3-1】　求方程 $ax^2 + bx + c = 0$ 的根。a、b、c 由键盘输入，设 $b^2 - 4ac > 0$。

```
using System;
⋮
namespace TwoTimesSquare
{
    class Program
    {
        static void Main(string[] args)
        {
            double a,b,c,disc,x1,x2,p,q;
            Console.WriteLine("请输入 a 的值：");
            a = double.Parse(Console.ReadLine());
            Console.WriteLine("请输入 b 的值：");
            b = double.Parse(Console.ReadLine());
```

```
            Console.WriteLine("请输入 c 的值：");
            c = double.Parse(Console.ReadLine());
            disc=b*b-4*a*c;
            p=-b/(2*a);
            q = Math.Sqrt(disc)/(2 * a);
            x1=p+q;
            x2=p-q;
            Console.WriteLine("该一元二次方程的根分别为：{0}和{1}",x1,x2);
        }
    }
}
```

运行结果如图 3-1 所示。

图 3-1　运行结果

3.1.2　选择结构

在日常生活中，我们常常会不自觉地进行判断、选择。比如说，天下雨了，拿雨伞还是不拿，拿了就不会被淋湿，不拿则会被淋湿。同样，当你考试成绩低于 60 分时，就不及格，60 以上则及格。在编写程序时，也会经常遇到要进行条件判断的问题，如果是，则做什么；如果不是，则去做另外的。

选择结构又称分支结构。在 C# 中，有两种语句可实现分支结构，即 if 语句和 switch 语句。

1. 使用 if 语句实现单分支结构

(1) 简单 if 语句。

格式：

```
    if(条件表达式)
    {
        代码块
    }
```

其中，条件表达式用来选择、判断程序的流程走向。程序在实际过程中，如果条件表达式的取值为 true(简记为 T)，则执行代码块；否则(即 false，简记为 F)退出 if 结构，直接执行 if 语句后面的其他语句。程序流程图如 3-2 所示。

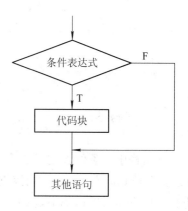

图 3-2　简单 if 结构的程序流程图

(2) 一般 if 语句。

格式：

```
if(条件表达式)
{
    代码块 1
}
else
{
    代码块 2
}
```

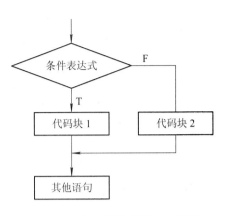

一般的 if 语句比简单的 if 语句多了一个 else 语句。同样，条件表达式用来选择判断程序的流程走向。程序在实际过程中，如果条件表达式的取值为 true，则执行代码块 1；否则执行代码块 2。程序流程图如 3-3 所示。

图 3-3　一般 if 结构的程序流程图

(3) 多重 if 语句。

格式：

```
if(条件表达式 1)
{
    代码块 1
}
else if(条件表达式 2)
{
    代码块 2
}
    ⋮
else if(条件表达式 n)
{
    代码块 n
}
else
{
    代码块 n+1
}
```

在该结构中，条件表达式 1 首先被判断，若该条件表达式的值为 true，那么执行代码块 1；若不是 true 而是 false，则判断下一个条件表达式(即条件表达式 2)的值，依此类推；若所有条件表达式的值都不是 true，则执行 else 子句下的代码块 n + 1。程序流程图如图 3-4 所示。

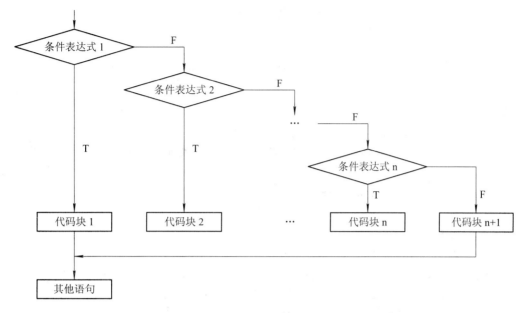

图 3-4　多重 if 语句程序流程图

【**例 3-2**】　if 语句实现成绩分段输出问题(成绩在 90～100 分为优，80～90 分为良，70～80 分为中，60～70 分为及格，60 分以下为差)。

```csharp
using System;
   ⋮
namespace ScoreSection
{   class Program
    {   static void Main(string[] args)
        {   double score;
            Console.WriteLine("请输入成绩(1～100)：");
            score = Convert.ToDouble(Console.ReadLine());   // Convert.ToDouble()功能是将字
                                                            符串转换成浮点型数据
            if (score >= 90)
            {
                Console.WriteLine("你的成绩是{0}，属于优", score);
            }
            else if (score >= 80)
            {
                Console.WriteLine("你的成绩是{0}，属于良", score);
            }
            else if (score >= 70)
            {
                Console.WriteLine("你的成绩是{0}，属于中", score);
```

```
            }
            else if (score >= 60)
            {
                Console.WriteLine("你的成绩是{0}，属于及格", score);
            }
            else
            {
                Console.WriteLine("你的成绩是{0}，属于差", score);
            }
            Console.ReadLine();
        }
    }
}
```

运行结果如图 3-5 所示。

图 3-5　运行结果

(4) if 语句嵌套。

语法：

```
    if(条件表达式 1)
    {
        if(条件表达式 2){
            代码块 1
        }
        else
        {
            代码块 2
        }
    }
    else
    {
        代码块 3
    }
```

嵌套 if 语句，就是在 if 语句里再嵌入 if 语句，它的执行过程如图 3-6 所示。

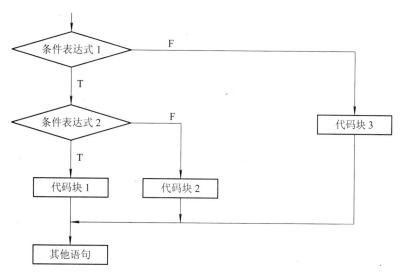

图 3-6　if 语句嵌套程序流程图

【例 3-3】　假定为某宾馆企业开发一个系统，其中有这样一个要求：房间定价问题，若原价为 150 元，9—12 月、2—5 月为旺季，旺季标间打 8.5 折，双人间打 7.5 折；淡季标间打 7 折，双人间打 6 折。编写程序，根据月份和选择的房间输出实际的定房价格。

分析：

首先，先要根据月份判断是淡季还是旺季；然后还需要在这种基础上判断是标间，还是双人间；最后计算出实际价格。此程序可以考虑使用嵌套的 if 语句来实现。

```
using System;
⋮
namespace RoomReservation
{
    class Program
    {
        static void Main(string[] args)
        {
            double price = 150;        //房间的价格
            int month;                 //订房的月份
            int type;                  //标准间为 0，双人间为 1

            Console.WriteLine("请输入具体月份(1—12)：");
            month = int.Parse(Console.ReadLine());    // int.Parse()是将输入的值转换为整型
            Console.WriteLine("请问您订的是标间还是双人间？标准间输入 0，双人间输入 1");
            type = int.Parse(Console.ReadLine());

            if (month >= 2 && month <= 5 || month >= 9 && month <= 12)    //旺季
```

```
        {
            if (type == 0)              //标准间
            {
                Console.WriteLine("您的房间价格为： {0}", price * 0.85);
            }
            else if (type == 2)         //双人间
            {
                Console.WriteLine("您的房间价格为： {0}", price * 0.75);
            }
        }
        else                            //淡季
        {
            if (type == 0)              //标准间
            {
                Console.WriteLine("您的房间价格为： {0}", price * 0.7);
            }
            else if (type == 1)         //双人间
            {
                Console.WriteLine("您的房间价格为： {0}", price * 0.6);
            }
        }
        Console.ReadLine();
    }
  }
}
```

运行结果如图 3-7 所示。

图 3-7 运行结果

2. 使用 switch 语句实现多分支结构

当程序设计中出现的分支情况很多时，虽然 if 语句的多层嵌套可以实现，但会使程序变得冗长且不直观。为改善这种用户体验，可以用 switch 语句来处理多分支的选择问题。

格式：

```
switch(控制表达式)
{
    case 常量表达式 1：
    语句 1；
    break；//必须有
    case 常量表达式 2：
    语句 2；
    break；//必须有
    ⋮
    default：
       语句 n；
       break；//必须有
}
```

控制表达式允许的类型为整数类型、字符类型、字符串类型、枚举类型；各个 case 后的常量表达式的数据类型与控制表达式的类型相同或兼容(即能够隐式转换为控制表达式的类型)。

在 switch 语句中，"常量表达式 i"与"控制表达式"的类型相同。当控制表达式的值与值 1 相匹配时，执行代码块 1；与值 2 相匹配时，执行代码块 2；与值 n 相匹配时，执行代码块 n。若所有值都不匹配，则执行代码块 n+1。switch 语句的执行流程图如图 3-8 所示。

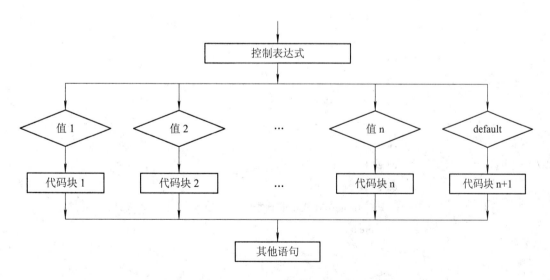

图 3-8　switch 语句执行流程图

【例 3-4】　输入一个月份，如果在 3—5 月，则输出"春季"；如果在 6—8 月，则输出"夏季"；如果在 9—11 月，则输出"秋季"；如果在 12、1、2，则输出"冬季"；其他则输出"你输入的月份有问题！"

分析：

本例题主要是一个情况判定问题，主要不同点在于某些情况下输出结果一致。这里我们可以巧妙运用 break 加以实现。

```csharp
using System;
    ⋮
namespace MonthChoice
{
    class Program
    {
        static void Main(string[] args)
        {
            string month;          //月份
            Console.WriteLine("请输入当前月份(1～12)：");          //提示输入
            month = Console.ReadLine();                          //读取输入
            ////根据月份输出相应季节
            switch (month)
            {
                case "3":
                case "4":
                case "5":
                    Console.WriteLine("春季");
                    break;
                case "6":
                case "7":
                case "8":
                    Console.WriteLine("夏季");
                    break;
                case "9":
                case "10":
                case "11":
                    Console.WriteLine("秋季");
                    break;
                case "12":
                case "1":
                case "2":
                    Console.WriteLine("冬季");
                    break;
                default:
```

```
                    Console.WriteLine("你输入的月份有问题！");
                    break;
            }
            Console.ReadLine();
        }
    }
}
```

运行结果如图 3-9 所示。

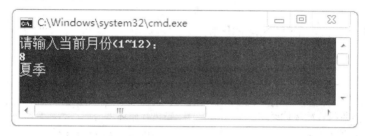

图 3-9 运行结果

在上面这个例子中，我们看到，如果有几个 case，当满足它们的条件时都做相同的事情，就可以把它们放在一起，需要把前面的几个 case 子句写为空，在最后一个 case 中编写处理代码。case 子句中如果不包含其他语句，就不需要 break 语句。

3.1.3 循环结构

在生活中，有很多循环重复的例子，如每天太阳从东边升起从西边落下，老师为小学生布置作业(同一个单词写多少遍)，流水线生产等。在编写程序时，也会经常遇到重复执行的代码块，这时就需要使用循环结构来实现。在 C# 中，可以使用 while 循环、do-while循环、for 循环和 foreach 循环来实现循环结构。当然，循环结构和选择结构一样，也可以嵌套。

1. 使用 while 和 do-while 实现循环结构

(1) while 循环。

格式：

```
while(条件表达式)
{
    代码块
}
```

while 循环是先判断条件是否成立，如果条件为 true 则执行循环体(即代码块)，否则执行循环语句后面的其他语句。执行过程的程序流程图如图 3-10 所示。

(2) do-while 循环。

格式：

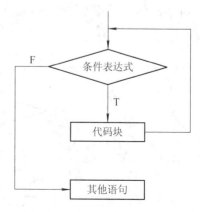

图 3-10 while 循环程序流程图

```
do
{
    代码块
}while(条件表达式);
```

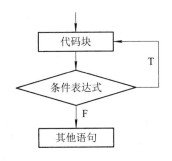

图 3-11　do-while 循环程序流程图

do-while 循环是先执行循环体(即代码块),再判断条件,如果条件为 true 则继续执行循环体(即代码块),否则执行循环语句后面的其他语句。因此循环体至少会执行一次。执行过程的程序流程图如图 3-11 所示。

(3) while 循环与 do-while 循环的区别。

while 循环与 do-while 循环的区别如表 3-1 所示。

表 3-1　while 循环与 do-while 循环的区别

while 循环语句	do-while 循环
先判断条件,然后执行循环体语句	先执行循环体语句,然后判断条件
循环体语句可能一次也不执行	至少执行一次循环体语句
条件表达式后,不能加分号	条件表达式后必须加分号

2. 使用 for 语句实现循环结构

格式:

```
for(表达式 1;表达式 2;表达式 3)
{
    代码块
}
```

for 循环常常用在循环次数确定的情况下。for 循环的执行过程如下:

(1) 执行表达式 1,设置循环变量的初始值。

(2) 判断表达式 2,若为 true 则转至(3)执行;否则循环结束,执行 for 循环后面的语句。

(3) 执行循环体(即代码块)。

(4) 执行表达式 3,转到(2)执行。

for 循环的执行过程的程序流程图如图 3-12 所示。

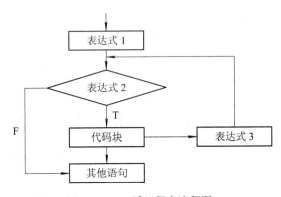

图 3-12　for 循环程序流程图

【例 3-5】　从控制台输出如下图形：

```
*
***
*****
*******
```

分析：

在此可以使用二层 for 循环的嵌套来实现，外层循环控制星号的行数，内层循环控制每行输出星号的个数。

```
using System;
⋮
namespace triangleShape
{
    class Program
    {
        static void Main(string[] args)
        {
            int i, j;
            for (i = 0; i < 4; i++)                 //控制输出的行数
            {
                for (j = 1; j <= 2 * i + 1; j++)    //控制每行里输出的*的个数
                {
                    Console.Write("*");
                }
                Console.WriteLine();                //当每次输出完*后，换一行
            }
            Console.ReadLine();
        }
    }
}
```

运行结果如图 3-13 所示。

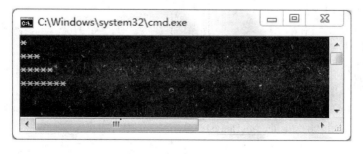

图 3-13　运行结果

3. 使用 foreach 语句实现循环结构

foreach(数据类型 循环变量名 in 数组名或集合)

{

　　循环体

}

foreach 语句是 C# 中新引入的，在 C 和 C++ 中没有这个语句。它表示收集一个数组或集合中的各个元素，并针对各个元素执行内嵌语句。

变量用来逐一存放数组元素的内容，数据类型必须与数组元素的或集合中数据类型一致；数据元素或集合元素的个数决定循环体执行的次数；每次进入循环体，会依次将数组元素内容读入循环变量，当所有数据元素都读完后，退出循环。foreach 循环程序流程图如图 3-14 所示。

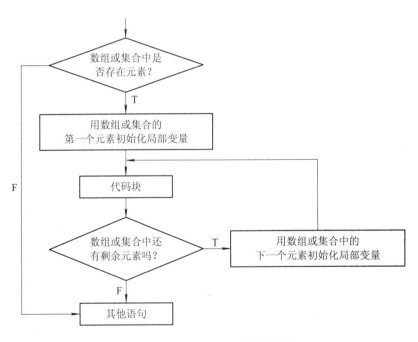

图 3-14　foreach 循环程序流程图

【例 3-6】 使用数组存放 6 名同学的成绩，编写程序实现计算平均成绩。

```
using System;
⋮
namespace AverageOfScore
{
    class Program
    {
        static void Main(string[] args)
        {
            double[] score = new double[6] { 95, 100, 60, 59, 81, 70 };
```

```
        double sum = 0;
        foreach (double item in score)
        {
            sum += item;
        }
        Console.WriteLine("6 位同学总成绩为：{0}，平均成绩为：{1}", sum, sum / 6);
        Console.ReadLine();
        }
    }
}
```

运行结果如图 3-15 所示。

图 3-15　运行结果

4．使用 break 与 continue 语句实现循环跳转

跳转语句是用来改变程序执行顺序的语句。在 C# 中，使用 break 语句和 continue 语句来改变程序的执行顺序。

(1) break 语句。

break 语句主要用于 switch 语句和循环语句中。在 switch 语句中，break 语句主要是用来跳出 switch 结构，进而执行 switch 结构后的语句。在循环语句中，break 语句主要是用来跳出循环结构，执行循环外后面的语句。break 语句在循环中一般和 if 语句结合使用。

格式：

```
break;
```

【例 3-7】　编程实现输入一个整数，然后判断所输入的数据是否为素数，并输出判断结果。

```
using System;
⋮
namespace DeterminePrimeNumber
{
    class Program
    {
        static void Main(string[] args)
        {
            int num, i;
            Console.WriteLine("请输入一个整数");
            num = int.Parse(Console.ReadLine());
            for (i = 2; i <= num; i++)
```

```
        {
            if (num % i == 0)
                break;
        }
        if(i==num)
            Console.WriteLine("{0}是素数",num);
        else
        Console.WriteLine("{0}不是素数",num);
        Console.ReadLine();
        }
    }
}
```

运行结果如图 3-16 所示。

图 3-16   运行结果

(2) continue 语句。

continue 语句主要用于循环语句中，用来结束本次循环，进入下一次循环。在循环体中，当执行到 continue 语句时，continue 后的语句将不再执行，直接进行下一次循环的判断。

格式：

```
continue;
```

【例 3-8】 编程实现在控制台输出 50 以内的所有被 10 整除的数。

```
using System;
    ⋮
namespace DivisibleByFive
{
    class Program
    {
        static void Main(string[] args)
        {
            int i;
            for (i = 1; i <= 50; i++)
            {
                if (i % 10 != 0)
                    continue;
```

```
            Console.Write("{0}\t", i);
        }
        Console.ReadLine();
    }
  }
}
```

运行结果如图 3-17 所示。

图 3-17 运行结果

从运行结果可以看到，当变量 i%10! =0 时，continue 语句后的 Console.Write()就不会执行，而是继续回到内层 for 循环的开始，判断变量 i,并执行 i++语句。continue 语句用在内层循环，跳转时是跳过内层循环中的剩余语句而执行内层循环的下一次循环。至此，你明白 break 和 continue 用在外层循环时的差别了吗？

▶ 任务实施

任务 3-1 实现模拟自助银行服务功能。要求设计自助银行服务操作菜单，初始化银行账户功能，实现取款功能。

实现步骤：

(1) 在 Visual Studio 中创建一个新的控制台应用程序项目，项目命名为 MyBank。

(2) 实现代码如下：

```
using System;
   ⋮
namespace MyBank
{
    class Program
    {
        public static double balance = 10000;
        static void Main(string[] args)
        {
            CreateAccount();
            ShowCustomMenu();
        }

        //创建账号
        public static void CreateAccount()
        {
            //接收输入的数据
```

```
        string name = "艾成旭";
        string account = "622202171600025036";
        Console.WriteLine("账号：{0}，账户名：{1}，存款金额：{2}创建成功!", account,
                        name, balance);
        Console.WriteLine();
    }


    //显示客户菜单
    public static void ShowCustomMenu()
    {
        string option = "";
        do
        {
            Console.WriteLine("==========欢迎使用自动银行服务===========");
            Console.WriteLine("1:存款 2:取款 3:转账 4:查询余额 5:退出");
            Console.WriteLine("====================================");
            option = Console.ReadLine();
            switch (option)
            {
                case "1":
                    continue;
                case "2":
                    WithDraw();
                    continue;
                case "3":
                    continue;
                case "4":
                    continue;
                case "5":
                    break;                    //结束 switch
                default:
                    Console.WriteLine("输入无效！");
                    continue;
            }
            break;                            //结束 do-while 循环
        } while (true);
    }


    //取款
```

```
public static void WithDraw()
{
    string account = "";                    //账号
    string pwd;                             //密码
    Console.WriteLine("请输入账号:");
    account = Console.ReadLine();
    if (account.Length == 0 || account != "622202171600025036")
    {
        Console.WriteLine("输入的账号不正确！ ");
        return;
    }
    //接收账户密码，并验证
    Console.WriteLine("请输入账户密码:");
    pwd = Console.ReadLine();
    if (pwd !="1234" )
    {
        Console.WriteLine("密码有误!");
        return;
    }
    Console.WriteLine("请输入取款金额");
    double money = double.Parse(Console.ReadLine());
    double result =MinusMoney(money);
    if (result == -1)
    {
        Console.WriteLine("取款失败");
    }
    else
    {
        Console.WriteLine("取款成功!当前余额:" + result);
    }
    Console.ReadLine();
}

//计算余额
public static double MinusMoney(double money)
{
    if (money > 0)
    {
        if (money <= balance)
```

```
            {
                balance -= money;

                return balance;

            }

            else

            {

                return -2;

            }

        }

        else

        {

            return -1;

        }

    }

}
```

运行结果如图 3-18 所示。

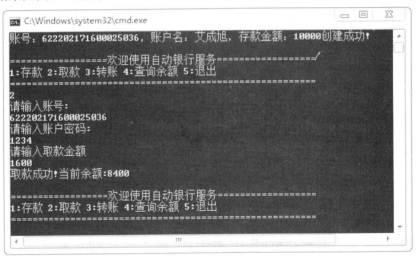

图 3-18   运行结果

▶ 知识拓展

程序调用自身的编程技巧称为递归(Recursion)。递归作为一种算法在程序设计语言中广泛应用。一个方法在其定义或说明中有直接或间接调用自身的一种方法,它通常把一个大型、复杂的问题层层转化为一个与原问题相似的规模较小的问题来求解,递归策略只需少量的程序就可描述出解题过程所需要的多次重复计算,大大地减少了程序的代码量。递归的能力在于用有限的语句来定义对象的无限集合。一般来说,递归需要有边界条件、递归前进段和递归返回段。当边界条件不满足时,递归前进;当边界条件满足时,递归返回。

使用递归可以解决许多有意思的经典问题，如求斐波那契数列、汉诺塔、数的阶乘等。

【例 3-9】　求 1 + 2! + 3! + … + 20! 的和。

```
using System;
⋮
namespace Factorial
{
    class Program
    {
        static void Main(string[] args)
        {
            int h = 0;
            for (int i = 1; i <= 20; i++)
            {
                h += Fact(i);
            }
            Console.WriteLine("1+2!+3!+...+20!=" + h);
        }

        public static int Fact(int i)
        {
            int sum = 1;
            for (int n = 1; n <= i; n++)
            {
                sum *= n;
            }
            return sum;
        }
    }
}
```

运行结果如图 3-19 所示。

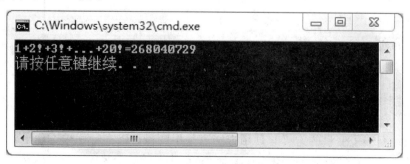

图 3-19　运行结果

▶ **归纳总结**

在本节中，重点介绍了实现程序流程控制的相关语句以及跳转语句。现对相关语句相关语句注意事项进行总结。

(1) if 语句。

为了使 if 语句结构更加清晰，应该把每个 if 或 else 包含的语句都有大括号括起来。

相匹配的一对 if 和 else 应该左对齐。

在使用嵌套时，内层的 if 语句相对于外层的 if 语句要有一定的缩进。

大括号的规范写法：C# 中大括号 "{" 和 "}" 分别占据新的一行。这是一种编程习惯。

(2) switch 语句。

switch 语句中 case 子句的摆放是没有顺序的，可以把 default 子句放在最前面，但要注意任何两个 case 语句不允许有相同的值。

case 中的值必须是常量表达式，不允许使用变量。

(3) while 语句。

while 循环语句是先判断条件表达式是否成立，若成立，则执行循环体；否则结束循环。

(4) do-while 语句。

do-while 循环语句先执行一次循环体，再判断条件表达式是否成立，若成立，则继续循环；否则退出循环。

(5) for 语句。

for 循环语句必须使用整形变量作循环计算器，通过条件表达式限定计数器变量值来控制循环。

(6) foreach 语句。

foreach 循环语句自动遍历给定数组或集合中的所有值。

(7) break 语句。

跳转语句 break 用以退出 switch 分支或退出内层循环结构。

(8) continue 语句。

跳转语句 continue 语句用以退出本轮循环，继续判断条件进行下一轮循环。

任务 3.2　数　　组

▶ **任务描述**

定义一个整数数组，找出整数类型数组中最大的元素及其索引值。

▶ **预备知识**

前面已经介绍了变量的定义与使用方法，使用变量可以在程序中方便地定义一些单个独立数据。如定义存储姓名的变量 name，定义存储年龄的变量 age 等，但是，如果需要定义一个包含 50 个学员的班级数学成绩，我们就需要定义 50 个类型一致的数值型变量，工作量很大。如果扩大到定义某个学校的学员数学成绩,我们该怎么办?

设想,如果可以定义具有相同名称、不同下标的一组变量来表示这一组相同的数据,那就可以很清楚地描述它们的关系,同时,也能大大地简化数据操作。其实 C# 已经替我们考虑了这个问题,专门设计了数组来解决此类问题。

数组是一些具有相同类型的数据按一定顺序组成的变量序列。数组中的每个元素都可以通过数组名及唯一的索引(即下标)来确定。在 C# 中,数组元素的索引是从 0 开始的,即对于有 N 个元素的数组,其索引范围是从 0~N–1。数组适用于存储和表示既与取值有关又与位置相关的数据。

数组也必须先定义、后使用。定义数组后就可以对数组进行访问,访问数组一般都转换为对数组中某个元素或全部元素的访问。数组按照下标个数划分,可分为一维数组和多维数组。数组元素下标个数超过两个的数组可以称为多维数组。

3.2.1　一维数组

1.一维数组的声明

数组声明时,主要声明数组的名称和所包含的元素类型。其一般格式如下:

　　数组类型[ ]　数组名;

数组类型可以是 C# 中任意有效的数据类型,包括类;数组名可以是 C# 中任意有效的标识符。下面是数组声明的几个例子:

　　int[ ]　　num;

　　float [ ]　　fNum;

　　string[ ]　　sWords;

　　Studnet[ ] stu;　　　　　　　// Student 是已定义好的类类型

注意　数据类型 [ ] 是数组类型,变量名放在 [ ] 后面,这与 C 和 C++ 是不同的;声明数组时,不能指定长度。

2.一维数组的创建

创建数组就是给数组对象分配内存。因为数组本身也是类,所以跟类一样,声明数组时,并没有真正创建数组,在使用前,要用 new 操作符来创建数组对象。创建方法有以下几种方法:

(1) 先声明、后创建。

格式为

　　数据类型[ ]　　数组名;

　　数组名 = new　数据类型[元素个数];

例如:

　　//声明并创建了一个具有 10 个整型元素的数组 num。

　　int [ ] num;　　　num = new int[10];

　　//声明并创建了一个具有 3 个字符串数据类型的数组 str

　　string[]　　str;　　str = new string[3];

　　//声明并创建了一个具有 5 个 double 型数据元素的数组 dnum

  double [] dnum; dnum = new double[5];

(2) 声明的同时创建数组。

  数据类型[ ] 数组名 = new 数据类型[元素个数];

例如：

  int[ ] num = new int[10];

  double[ ] t = new double[4];

  short[ ] st = new short[17];

3．一维数组的初始化

数组在定义的同时给定元素的值，即为数组的初始化。初始化方法有以下几种：

(1) 完整定义为

  数据类型[ ] 数组名 = new 数据类型[元素个数]{初始值列表};

例如：

  int [ ] num = new int[4]{12,34,56,78};

  string[ ] str = new string[3]{"you","and","me"};

  float[ ] f = new float[5]{1.345f,12,13.5f,109.345f,12.1f};

(2) 省略数组的大小，即

  数据类型[ ] 数组名 = new 数据类型[ ]{初始值列表};

例如：

  short[ ] st = new short[ ]{2,4,67,3};   //数组元素的个数为 4

  int[ ] iNum = new int[ ]{23,45,67,89,100,234,567,234}; //数组元素的个数为 8

(3) 进一步省略 new 和数据类型[ ]，即

  数据类型[ ] 数组名 = {初始值列表};

例如：

  string[ ] names = {"wangtao","liuli","sanmao","shanghaitan","jinghuayanyun"};

  int [ ] iNum = {45,28,34,74,84};

4．一维数组的赋值

要给数组赋值，需要用到数组的索引，格式为

  数组名[索引值] = 数据的值;

例如：

  int [] a = new int[4];

  a[0] = 24;

  a[1] = 54;

  a[2] = 87;

  a[3] = 93;

  以上的例子索引是 0～3，可以看出，在给数组进行大量的赋值时，该方法显得较麻烦，不如初始化方便。

5．数组类常用属性和方法

数组类常用属性和方法如表 3-2 所示。

表 3-2　数组类常用属性和方法

属性或方法名	说　　明
Length	获得数组元素的个数
Rank	获得数组的秩(维数)，对于一维数组来说，Rank 总是为 1
GetLength(int)	获得指定维度的元素个数
Sort()	对指定数组元素进行排序

3.2.2　二维数组

数组元素下标超过两个的数组可以称为多维数组。二维数组主要应用于平面或立体排列的数据处理，最常见的是矩阵与二维表格中的数据处理。二维数组是多维数组中最简单、也是最常用的一种。二维数组的操作与一维数组操作类似，因此下面以二维数组为例简要介绍一下多维数组的使用方法。

声明二维数组的格式如下：

　　类型名称[,] 数组名;

声明并实例化二维数组的格式如下：

　　类型名称[,] 数组名 = new 类型名称[行数，列数];

在声明并实例化二维数组时，也可以指定数组元素的初始值。例如：

```
int [,] arr=new int[2,4];        //声明一个 2 行 3 列的二维数组
arr[0,3]=6                        //对数组中 a[0,3]元素赋值
int array=a[1,2]                  //把数组元素 a[1,2]的值赋值给变量 array
```

▶ **任务实施**

任务 3-2 定义一个整数数组，找出整数类型数组中最大的元素及其索引值。

实现步骤：

(1) 在 Visual Studio 中创建一个新的控制台应用程序项目，项目命名为 FindMaxAndIndex。

(2) 实现代码如下：

```
using System;
⋮
namespace FindMaxAndIndex
{
    class FindMaxAndIndex
    {
        static void Main(string[ ] args)
        {
            int[ ] a = new int[ ] { 166, 15, 42, 26, 295, 288, 24, 55, 71, 41 };
            int max = 0;
```

```
        int index;
        FindMaxAndIndex fmai = new FindMaxAndIndex();
        fmai.Find(ref max, out index, a);
        Console.WriteLine("最大值为{0}，其索引为：{1}",max,index);
    }
    public void Find(ref int max, out int index,int[ ] a)
    {
        if (a.Length == 0)
        {
            Console.WriteLine("未获得数据！");
            index = -1;
            return;
        }
        max = a[0];
        index = 0;
        for (int i = 0; i < a.Length; i++)
        {
            if (a[i] > a[index])
            {
                index = i;
                max = a[i];
            }
        }
    }
}
```

运行结果如图 3-20 所示。

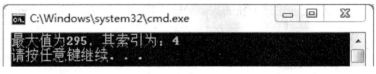

图 3-20　运行结果

▶ **知识拓展**

　　排序算法是使用频率最高的算法之一，而冒泡排序是其中一种很典型而且相对简单的方法。

　　依次比较相邻的两个数，将小数放在前面，大数放在后面。由于在排序过程中总是小数往前放，大数往后放，相当于气泡往上升，所以称作冒泡排序。

　　下面给出实现冒泡排序的代码，有兴趣的同学可以根据代码详细分析冒泡排序的实现过程。代码如下：

```
using System;
    ⋮
namespace BubbleSort
{
    class Program
    {
        private void Func(int[] Arg)
        {
            //外循环每次把参与排序的最大数排在最后
            for (int i = 1; i < Arg.Length; i++)
            {
                int a = 0;    //临时变量
                //内层循环负责对比相邻的两个数，并把最大的排在后面
                for (int j = 0; j < Arg.Length - i; j++)
                {
                    //如果前一个数大于后一个数，则交换两个数
                    if (Arg[j] > Arg[j + 1])
                    {
                        a = Arg[j + 1];
                        Arg[j + 1] = Arg[j];
                        Arg[j] = a;
                    }
                }
                //直接打印
                Console.WriteLine("排序后：{0},{1},{2},{3},{4},{5},{6}", Arg[0], Arg[1],
                        Arg[2], Arg[3], Arg[4], Arg[5], Arg[6]);
                Console.ReadLine();

                //用一个循环访问数组里的元素并打印
                //for (int k = 0; k < Arg.Length; k++)
                //{
                // Console.WriteLine(Arg[k]);
                //}
                //Console.ReadLine();
            }
        }
        static void Main(string[] args)
        {
```

```
            Program p = new Program();
            int[] Arg = { 130, 28, 345, 299, 40, 30, 201 };
            Console.WriteLine("排序前：{0},{1},{2},{3},{4},{5},{6}", Arg[0], Arg[1], Arg[2],
                    Arg[3], Arg[4], Arg[5], Arg[6]);
            p.Func(Arg);
        }
    }
}
```

运行结果如图 3-21 所示。

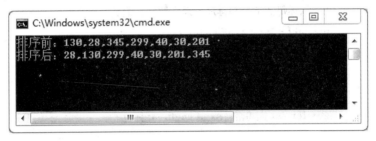

图 3-21　运行结果

▶ 归纳总结

在本节中，介绍了一维数组的创建与使用方法，介绍了多维数组，特别是二维数组的用法。数组一般不会单独使用，通常是和循环结构结合使用的。

实训练习 3

一、选择题

1. 如果 x=35，y=80，下面代码输出结果是(　　)。　　　　　　　　　　(选择一项)

```
    if(x<-10||x>30)
    {
        if(y>=100)
        {
            Console.WriteLine("危险");
        }
        else
        {
            Console.WriteLine("报警");
        }
    }
    else
```

```
    {
        Console.WriteLine("安全");
    }
```

　　A．危险　　　　　　B．报警　　　　　　C．报警　安全　　　D．危险　安全

2．下面代码运行后，s 的值是(　　)。　　　　　　　　　　　　(选择一项)

```
    int s=0;
    for(i=1;i<100;i++)
    {
        if(s>10)
        {
            break;
        }
        if(i%2==0)
        {
            s+=i;
        }
    }
```

　　A．20　　　　　　　　B．12　　　　　　　C．10　　　　　　D．6

3．当 month 等于 6 时，下面代码的输出结果是(　　)。　　　　　(选择一项)

```
    int days=0;
    switch(month)
    {
    case 2:
        days=28;
        break;
    case 4:
    case 6:
    case 9:
    case 11:
        days=30;
        break;
    default:
        days-31;
        break;
    }
```

　　A．0　　　　　　　　B．28　　　　　　　C．30　　　　　　D．31

4．数组 pins 的定义如下：

```
    int[ ] pins=new int[4]{9,2,3,1};
```

则 pins[1]=(　　)。　　　　　　　　　　　　　　　　　　　(选择一项)

　　A. 1　　　　　　　　B. 2　　　　　　　　C. 3　　　　　　　　D. 9

二、实训操作题

1. 提示用户输入用户名，然后提示输入密码，如果用户名是"admin"，并且密码是"888888"，则提示正确；否则提示错误。如果用户名不是 admin，还提示用户名不存在。

2. 提示用户输入年龄，如果大于等于 18，则告知用户可以查看；如果小于 10 岁，则告知不允许查看；如果大于等于 10 岁，则提示用户是否继续查看(yes、no)，如果输入的是 yes 则提示用户可以查看，否则提示不可以查看。

3. 从一个整数数组中取出最大的整数。

4. 计算一个整数数组的所有元素的和。

5. 将一个字符串数组输出以"1"分割的形式，比如{"浮云", "神马", "穿梭"}数组输出为"浮云|神马|穿梭"。不要使用 String.Join 等 .Net 内置方法。

6. 有一个整数数组，请声明一个字符串数组，将整数数组中的每一个元素的值转换为字符串保存到字符串数组中。

7. 将一个字符串数组的元素的顺序进行反转。{"3","a","8","haha"} 转换为{"haha", "8","a","3"}。提示：第 i 个和第 length−i−1 个进行交换。

第二部分 使用 WinForm 设计 Windows 应用程序

📖 内容摘要

在前面的任务中，我们创建的都是控制台应用程序，从第二部分开始将使用 Window 控件来设计界面美观、功能强大的应用软件。

WinForm 是 .Net 开发平台中对 Windows Form 的一种称谓。Microsoft Visual Studio 2012(简称 Visual Studio 2012)是新一代的可视化集成开发环境，所有的开发工具都被集成在 IDE(Integrated Development Environment)中，可以用 Visual C# 创建 Windows 应用程序。

使用 Visual Studio 2012 可以大大简化 WinForm 应用程序的编写，Visual Studio 2012 减少了开发人员在界面框架上的编程时间，使开发人员可以集中精力去解决业务问题。

Visual Studio 2012 中的 WinForm 编程，主要用于开发 C/S 架构的软件。C/S 架构即客户机/服务器架构。在很多情况下，都会采用 C/S 架构来开发软件，如超市管理系统、影院售票系统等。

我们将使用 WinForm 设计一个"高校学生管理系统"的界面，并在以后的学习中结合 ADO.NET 实现相关功能。

📖 学习目标

(1) 了解什么是 Windows 窗体应用程序。

(2) 了解 Windows 编程中的事件驱动机制。

(3) 熟练掌握窗体基本控件的使用方法。

(4) 掌握菜单的设计与使用方法。

(5) 掌握使用 MessageBox 输出各种类型提示的方法。

(6) 掌握 MDI 窗体的设计。

(7) 掌握 Windows 窗体中高级控件的使用方法。

(8) 掌握窗体动画效果的实现方法。

(9) 了解窗体间数据传递的技巧。

(10) 掌握窗体界面设计的基本流程与技巧。

单元 4　Windows 窗体应用程序的创建

任务 4.1　初识 Windows 窗体应用程序

▶ 任务描述

创建一个 Windows 窗体应用程序，设计一个窗体，设置相关属性。

▶ 预备知识

4.1.1　认识 Windows 应用程序

我国大部分普通用户在使用计算机时，一般安装的都是 Windows 系列的操作系统。Windows 操作系统的操作界面都是由窗体构成的。窗体由标题栏、菜单栏、工具栏、状态栏、文本框、按钮、标签等对象构成。这些内容在计算机基础知识中都学过，在此不再赘述。

下面就以创建 Windows 窗体应用程序为例，熟悉相关面板的作用及使用方法。

(1) 打开 Visual Studio 2012。选择"文件"→"新建"→"项目"菜单项，打开"新建项目"对话框。如图 4-1 所示。

图 4-1　"新建项目"对话框

(2) 在模板中选择"Visual C#"，类型中选择"Windows 窗体应用程序"，用以创建具有 Windows 窗体用户界面的应用的项目。在名称中输入项目名称，这些命名为 "MyFirstWinForm"；在位置中输入保存该项目的路径，也可通过浏览按钮，选择想要保存项目的路径；在解决方案名称中输入解决方案名称，若不修改则解决方案名称与项目名称一致。

(3) 输入以上信息后，点击"确定"按钮，Visual Studio 2012 将会自动创建一个默认窗体 Form1。"窗体设计器"的界面如图 4-2 所示。

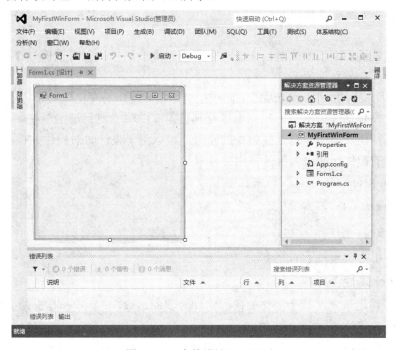

图 4-2　"窗体设计器"界面

在 VS(Visual Studio 简称 VS)中，"窗体设计器"的布局并不复杂。除了菜单栏、工具栏之外，屏幕中间为窗体设计器。"窗体设计器"的右方是"解决方案资源管理器"面板，下方是"属性"面板。屏幕的左侧，有一个可以自由停靠和隐藏的"工具箱"面板。

"工具箱"面板将为 Windows 窗体应用程序开发人员提供强有力的工具，它提供了丰富的控件类型。工具箱面板如图 4-3 所示。工具箱中包含了开发工具支持的所有工具，在后续内容中将作一介绍。

(4) 在 VS 2012 窗口中，按"F5"键运行程序，可以发现，虽然我们并没有编写任何代码，VS 还是生成了一个没有任何实际意义的程序。

Windows 窗体应用程序的通用操作都可以在本程序上运行，读者可以尝试双击"标题栏"，单击右上角的"最大化"、"最小化"和"关闭"按钮。按"关闭"按钮可以

图 4-3　"工具箱"面板

关闭程序。可以看到，VS 直接支持了部分操作，省去了开发人员编写这种通用代码的可能。

4.1.2　Windows 窗体控件的常用属性

"属性"面板位于 VS 的右下方。使用"属性"面板可以查看和更改位于编辑器和设计器中选定对象的设计属性及事件。也可以使用"属性"面板编辑和查看文件、项目和解决方案的属性。"属性"面板可从"视图"菜单打开。

当在"解决方案资源管理器"面板中选中解决方案或项目名称时，"属性"面板的内容也会随之变化。

可以从"属性"面板修改解决方案和项目的属性。同样，也可以通过"属性"面板修改其他被选中控件或文件的属性。

"属性"面板可用于显示和编辑不同类型的字段，具体的变化取决于特定属性的需要。这些可编辑字段包括编辑框、下拉列表以及到自定义编辑器对话框的链接。属性以灰色显示，表示该属性是只读的。对这些属性的修改，可以用于设计时对控件的控制。

以下列出的控件属性为大部分常用控件属性所共有。

1. Name 属性

Name 属性用于设置控件的名称。

2. Text 属性

Text 属性用于设置显示的文本。

3. Anchor 属性

Anchor 属性用于定义某个控件如何绑定到容器的边缘，以及当容器的大小发生变化时，该控件将如何响应。

4. BackColor 属性

BackColor 属性用于设置组件的背景色。单击右侧的"下拉列表"，可以看到这个列表中提供了非常多的系统默认的颜色。在另外两个选项卡中，还有自定义颜色和 Web 颜色供开发人员选择。

5. Dock 属性

Dock 属性可以使控件停靠在容器的边框上。其可设置的值分别为上(TOP)、下(BOTTOM)、左(LEFT)、右(RIGHT)、填充(FILL)以及无(NONE)。当设置为上、下、左、右中的一种值时，控件将停靠在容器的一侧；当设置为填充时，控件将填充整个容器；当设置为 NONE 模式时，保持原状态不变。

6. Enabled 属性

Enabled 属性指示是否已启用该控件。

7. Font 属性

Font 属性用于设置包含字体控件的字体属性。

8. ForeColor 属性

表示控件的前景色，其设置与 BackColor 大致相同。

9. Locked 属性

Locked 属性表示控件是否被锁定，被锁定的控件无法移动和调整大小。

10. MinimumSize 和 MaximumSize 属性

MinimumSize 和 MaximumSize 属性分别指示控件的最小尺寸和最大尺寸。

11. Size 属性

Size 属性表示控件的大小，其构成方式与 Location 相同，均由 Height 和 Width 构成，分别表示控件的高度和宽度。

12. Visible 属性

Visible 属性表示控件是否可见。

在 Windows 窗体应用程序中，包含的属性很多，上面仅仅列出了一小部分，其他属性需要读者在今后的使用中逐步了解。

4.1.3　Windows 窗体的跳转与关闭

1. 窗体跳转

在一个 Windows 应用程序中，一般会包括很多个窗体，如从登录窗体跳转到主窗体，如果登录成功，则隐藏登录窗体，显示主窗体。在 C# 中，Form 类提供了两个方法用来显示和隐藏窗体，分别是 Show()方法和 Hide()方法。

【例 4-1】创建登录窗体和管理员主窗体，并实现跳转。

实现步骤：

(1) 在 Visual Studio 中创建一个新的 Windows 窗体应用程序项目，项目命名为 WinFormJump。

(2) 创建登录窗体 FrmLogin。可将自动产生的 Form1 重命名为 FrmLogin，也可删除默认 Form1，新建窗体 FrmLogin。创建 FrmLogin 后，设置 FrmLogin 窗体的 Text 属性为"登录窗体"，并在窗体上添加一个按钮(Button)；设置 Name 属性为"btnLogin"；设置显示标题(Text)为"登录"。登录窗体界面如图 4-4 所示。

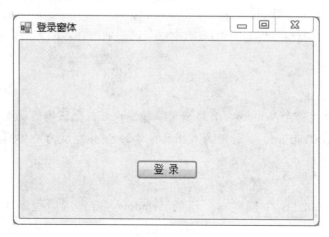

图 4-4　登录窗体界面

(3) 在项目中添加管理员主窗体，命名为 FrmAdminMain。将 FrmAdminMain 窗体的标题(Text)改为管理员主窗体，主窗体一般是全屏显示，我们可将 WindowState 属性设置为 Maxmized。管理员主窗体界面如图 4-5 所示。

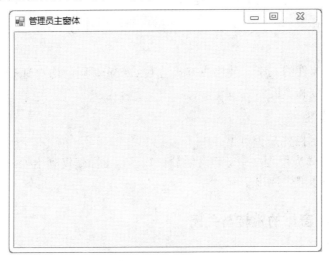

图 4-5   管理员主窗体界面

(4) 实现跳转功能。在登录窗体"登录"按钮上双击，进入"登录"按钮的单击事件。在单击事件输入如下代码，实现窗体跳转。

```
private void btnLogin_Click(object sender, EventArgs e)
{
    FrmAdminForm frmAdmin = new FrmAdminForm();
    frmAdmin.Show();
    this.Hide();
}
```

2．窗体关闭

在实现关闭当前窗体时，可以使用两种方法，一种是调用 this.Close()方法，另一种是调用 Application.Exit()。这两种方法的区别是，this.Close()方法实现当前窗体的关闭，并不退出整个应用程序；Application.Exit()方法不仅关闭当前窗体，同时退出整个应用程序。

▶ 任务实施

任务 4-1   创建一个 Windows 窗体应用程序，设计一个窗体，设置相关属性。要求：窗体的名称为"FrmTestForm"，标题为"测试窗体"，窗体宽度为"400"，高度为"300"，背景色为"silver"。

实现步骤：

(1) 在 Visual Studio 中创建一个新的 Windows 窗体应用程序项目，项目命名为 WinFormTest。

(2) 创建登录窗体 FrmTestForm。根据要求设置相关属性，将窗体的 Name 属性设置为

"FrmTestForm"，Text 设置为"测试窗体"，Size 组中 Width 属性设置为"400"，Height 属性设置为"300"，BackColor 属性设置为"silver"。运行效果如图 4-6 所示。

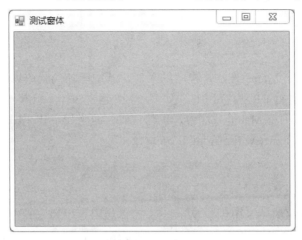

图 4-6　运行效果

▶ 知识拓展

在一个 Windows 应用程序项目中，如果包含多个窗体，为了调试方便，可以更改应用程序首次运行时的窗体。例如，已经实现了登录功能，第一个运行的是登录界面，想要调试主窗体，则必须每次通过登录界面跳转到主窗体，非常麻烦。这时，我们可以通过更改运行时首次加载窗体来实现。

在创建一个 Windows 应用程序时，会在解决方案资源管理器中产生如图 4-7 所示文件结构。

在图 4-7 所示的文件中，有一个 Program.cs 文件，可双击打开，其代码如下：

图 4-7　新建 Windows 窗体应用程序的文件结构

```
using System;
⋮
namespace WinFormAPP
{
    static class Program
    {
        /// <summary>
        ///应用程序的主入口点。
        /// </summary>
        [STAThread]
        static void Main()
        {
            Application.EnableVisualStyles();
```

```
                Application.SetCompatibleTextRenderingDefault(false);
                Application.Run(new Form1());
            }
        }
    }
```

在上面的代码中，Main()方法是程序的入口，其中黑体的代码即是表示首次运行哪个窗体，现在首次运行的为 Form1。如第一次运行时，想要运行管理员主窗体"FrmAdminForm"，则将 Main()方法中，黑体代码修改为如下代码即可。

```
                Application.Run(new FrmAdminForm ());
```

▶ 归纳总结

在本节中，介绍了在 VS 中创建 Windows 窗体应用程序的一般步骤，介绍了窗体控件的常用属性和实现窗体跳转的方法，以及首次加载窗体的修改。这些知识在后续的编程中经常用到。

任务 4.2 事件驱动机制

▶ 任务描述

编写窗体的 MouseMove 事件的处理程序，当鼠标在窗体里面移动时，在窗体的标题栏显示鼠标的位置。

▶ 预备知识

4.2.1 事件驱动机制与窗体事件

如果说控件的属性决定了控件的外观，那么控件的事件则决定了控件的行为。读者都有过使用应用程序的体验，Windows 窗体应用程序的主要行为就是处理各种各样的用户交互事件，如鼠标的单击、双击以及拖拽等操作。控件的事件是与控件紧密相关的，不同的控件所能响应的事件也不相同。

平时，我们在电脑里的操作基本都是通过鼠标和键盘完成的，按一下鼠标或者敲打一下键盘，系统就会有相应的响应。这些鼠标按下、释放，键盘键按下、释放都是 Windows 操作系统中的事件。Windows 操作系统本身就是通过事件来处理用户请求的。比如，单击"开始"按钮，就会显示"开始"菜单；双击"我的电脑"图标，就会打开"我的电脑"窗口等。Windows 的这种通过随时响应用户触发的事件，做出相应的响应就叫做事件驱动机制。

我们创建的 WinForms 程序也是事件驱动的。你可能会问，怎么才能让程序知道发生了什么事件呢？这个你暂时不用担心，.NET Framework 已经为窗体和控件定义了很多常用的事件，我们要做的只是针对我们感兴趣的事件，编写响应的事件处理程序即可。也就是说，在事件发生时，程序应该有什么样的响应。

那么窗体有哪些重要的事件呢？窗体的重要事件参见表 4-1。

表 4-1 窗体常用的重要事件

事 件	说 明
Load	窗体加载事件，窗体加载时发生
MouseClick	鼠标单击事件，用户单击窗体时发生
MouseDoubleClick	鼠标双击事件，用户双击窗体时发生
MouseMove	鼠标移动事件，当鼠标移过窗体时发生
KeyDown	键盘按下事件，在首次按下某个键时发生
KeyUp	鼠标释放事件，在释放键时发生

表 4-1 列出的是窗体的重要事件，对于每个一个控件同样也有相应的事件，对于不同的控制所使用的事件也是不同的。

4.2.2 编写事件处理程序

编写事件处理程序的步骤如下：

(1) 单击要创建事件处理程序的窗体或控件。

(2) 在"属性"窗口中单击"事件"按钮。

(3) 单击要创建事件处理程序的事件。

(4) 为处理程序命名。

(5) 定位到事件处理方法。

(6) 编写处理代码。

▶ 任务实施

任务 4-2 编写窗体的 MouseMove 事件的处理程序，当鼠标在窗体里面移动时，在窗体的标题栏显示鼠标的位置。

实现步骤：

(1) 在 Visual Studio 中创建一个新的 Windows 窗体应用程序项目，项目命名为 MouseMoveDemo。

(2) 将 Form1 重命名为 FrmMouseMove。在窗体设计器窗口选中窗体，在"属性"窗口中单击"事件"按钮，找到 MouseMove 事件，单击"MouseMove"选中该事件，如图 4-8 所示。

(3) 双击 MouseMove 右侧的窗格，生成

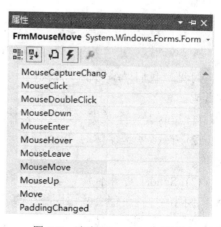

图 4-8 选中 MouseMove 事件

MouseMove 事件处理程序方法，如图 4-9 所示。

```csharp
using System;
using System.Collections.Generic;
using System.ComponentModel;
using System.Data;
using System.Drawing;
using System.Linq;
using System.Text;
using System.Threading.Tasks;
using System.Windows.Forms;

namespace MouseMoveDemo
{
    public partial class FrmMouseMove : Form
    {
        public FrmMouseMove()
        {
            InitializeComponent();
        }

        private void FrmMouseMove_MouseMove(object sender, MouseEventArgs e)
        {

        }
    }
}
```

图 4-9 生成 MouseMove 事件处理方法

(4) 在生成的事件处理方法 FrmMouseMove_MouseMove()中，编写事件处理代码：

```csharp
this.Text = String.Format("捕捉到鼠标了!({0},{1})", e.X,e.Y );
```

(5) 点击"F5"键，查看运行结果。鼠标移动事件效果如图 4-10 所示。

图 4-10 鼠标移动事件效果

可见，我们只编写了一行代码，就达到了这个效果。下面分析一下这个事件处理程序的代码。

(1) this 是一个关键字，代表窗体本身。

(2) Text 就是窗体的 Text 属性，添加的这行代码的意思就是设置当前窗体标题栏的文字。

(3) Sender 是事件源，表示是谁引发了这个事件。比如在这个事件中，事件源就是窗体。不同的控件可能会共用同一个事件处理方法，可以通过 Sender 得到引发事件的控件，这需要进行强制类型转换。

(4) e 叫做鼠标事件参数(MouseEventArgs)对象。不同的事件会有不同的事件参数，如果是键盘事件，那么就可能是键盘事件参数。

（5）事件参数类里面已经封装了一些我们可能用到的数据，比如鼠标事件参数中就封装了鼠标的横纵坐标，因此可以通过 e.X 和 e.Y 来分别获得鼠标当前的横和纵坐标。

（6）可以通过 String 类的 Format() 方法来设置要显示的字符串的格式，将方法的返回值赋给窗体的 Text 属性。当鼠标移动时，就可以在窗体的标题栏里面显示鼠标的位置了。

▶ 知识拓展

在上面的例子中，涉及的 Sender 是事件源，可能大家并不太明白事件源的含义。事件源就是触发事件的源头，即是由哪个窗体或控件触发了该事件。因此，可以将事件源进行强制类型转换，转换成其原来的类型。若能得到相应窗体或控件的属性，则说明 sender 即为事件源。下面将举例说明。

【例 4-2】　测试 Sender 对象。

（1）在 Visual Studio 中创建一个新的 Windows 窗体应用程序项目，项目命名为 SenderTest。

（2）将 Form1 重命名为 FrmSenderTest，并设置 Text 属性为"测试 Sender 对象"。在窗体中添加一个按钮，并设置 Name 属性为"btnSender"，Text 属性为"单击事件是由我触发的！"。运行效果如图 4-11 所示。

图 4-11　测试 Sender 对象窗体

（3）双击"btnSender"按钮，在生成的单击事件中，添加如下代码：

```
private void btnSender_Click(object sender, EventArgs e)
{
    Button bt = (Button)sender;
    string msg = bt.Text;
    MessageBox.Show(msg,"提示");
}
```

（4）运行程序。当单击按钮时，会出现如图 4-12 所示的消息提示框。

在上例中，我们将鼠标单击事件中的参数 sender 对象强制类型转换为 Button 类型，然后给字符串类型

图 4-12　单击按钮时出现在提示信息

的变量 msg 赋值为按钮的 Text 属性，最后使用消息框显示变量 msg 的值。通过检验发现，消息框中显示"单击事件是由我触发的！"，说明此处 sender 对象为按钮"btnSender"。

消息框 MessageBox 是一个实现消息提示功能的窗体，相关内容将在后面的任务中详

细介绍。

▶ 归纳总结

事件驱动机制是 Windows 窗体应用程序使用的最重要的机制。利用事件驱动机制,可以非常轻松地实现 Windows 窗体应用程序的相应功能。本节介绍了事件驱动机制、窗体的事件,介绍了编写事件处理程序的步骤。

Windows 窗体应用程序是现在设计 C/S 架构软件的主流,即使是面向命令行的程序,也会提供一个 Windows 窗体应用程序作为管理界面。因此要求掌握编写窗体控件的事件处理程序。

实训练习 4

一、选择题

1. Windows 操作系统中的窗体,主要由(　　)对象组成。　　　　　　(选择三项)
    A. 标题栏　　　　　　　　B. 文本框　　　　　　　C. 文字　　　　　　D. 按钮

2. 下列(　　)属于 Windows 窗体控件的常用属性。　　　　　　　　　(选择三项)
    A. Name　　　　　　　　　B. Enable　　　　　　　C. Text　　　　　　D. Enabled

3. 下列(　　)是实现窗体显示的方法。　　　　　　　　　　　　　　(选择一项)
    A. Display( )　　　　　　　B. Show( )　　　　　　C. ShowDialog( )　　D. Hide( )

4. 窗体事件 MouseClick 是什么事件,并在什么情况下触发?(　　)　(选择一项)
    A. 鼠标双击事件,用户双击窗体时发生
    B. 键盘按下事件,在首次按下某个键时发生
    C. 窗体加载事件,窗体加载时发生
    D. 鼠标单击事件,用户单击窗体时发生

5. 窗体属性 Text 的作用是(　　)。　　　　　　　　　　　　　　　(选择一项)
    A. 用于设置窗体的名称　　　　　　　　B. 用于设置窗体显示的标题
    C. 用于设置窗体的背景色　　　　　　　D. 表示窗体是否可见

二、实训操作题

1. 新建一个 Windows 应用程序项目,将该项目命名为 MyFirstWindowsApplication,并将该项目保存在 D 盘中。

2. 在上题新建的项目中,添加一个窗体,将窗体命名为 FrmLogin,将窗体的标题设置为"登录窗体",在窗体中添加一个命令按钮,用以实现窗体跳转;然后,在该项目中继续添加一个窗体,将窗体命名为 FrmMain,将窗体标题设置为"主窗体",使用在登录窗体中创建的命令按钮,实现从登录窗体到主窗体的跳转功能。

3. 新建一个 Windows 应用程序项目,实现当每次单击窗体时,改变窗体的背景颜色,窗体默认为蓝色;再次单击变为绿色;然后单击变为红色;再次单击又变为蓝色;依此类推。(提示:需要引用 System.Color 命名空间。)

单元 5　窗体基本控件的使用与良好编程习惯的养成

任务 5.1　设计"高校学生管理系统"的登录及创建学员用户窗体

▶ 任务描述

在 Windows 窗体应用程序中会用到很多控件，但这些控件我们甚至不需要编写一句代码就可以实现，因为在开发环境的工具箱中包含了 Windows 窗体应用程序常用的控件，如文本框、按钮、菜单等。这些控件可以帮助我们快速地开发出专业的 Windows 应用程序。

从本单元开始，将通过创建一个"高校学生管理系统"项目来介绍常用的控件。

创建"高校学生管理系统"项目 MySchool 的 2 个基本界面：系统登录界面、创建学员用户界面和添加学员窗体界面，如图 5-1 和图 5-2 所示。

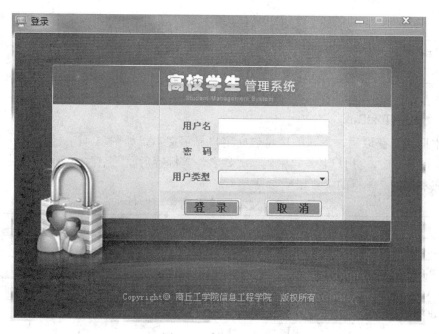

图 5-1　系统登录界面

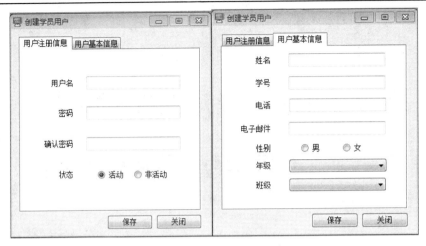

图 5-2 创建学员用户界面

▶ 预备知识

5.1.1 常用的基本控件

窗体中最重要的组成部分就是控件，下面将介绍一些常用基本控件的用法。

1. 标签(Label)

标签用于显示用户不能编辑的文本或图像，如图 5-3 所示。我们常使用它对窗体上的其他各种控件进行标注或说明。在图 5-2 中，"用户名"、"密码"、"姓名"等都是标签。标签的主要属性参见表 5-1。

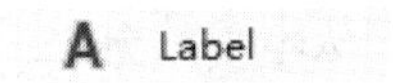

图 5-3 标签控件

表 5-1 标签控件的常用属性

属　　性	说　　明
Image	将在标签上显示的图像
Text	在标签上显示的文本

2. 文本框(TextBox)

文本框用于获取用户输入的信息或向用户显示文本，如图 5-4 所示。在图 5-2 中，"用户名"、"密码"、"姓名"等标签后面的空白框就是文本框。文本框的主要属性参见表 5-2。

图 5-4 文本框控件

表 5-2 文本框控件的常用属性

属　　性	说　　明
MaxLength	指定可以在文本框中输入的最大字符数
Multiline	表示是否可在文本框中输入多行文本
PasswordChar	指示在作为密码框时，文本框中显示的字符，而不是实际输入的文本
ReadOnly	指定是否允许编辑文本框中的文本
Text	与文本框关联的文本

3．按钮(Button)

按钮允许用户通过单击鼠标来执行相应的操作。按钮控件如图 5-5 所示。每当用户单击按钮时，就调用 Click 事件处理程序。可以编写 Click 事件处理程序的代码来执行需要实现的操作。在图 5-2 中，"保存"、"取消"就是按钮。按钮的属性和事件参见表 5-3。

图 5-5 按钮控件

表 5-3　按钮控件的常用属性和事件

属　性	说　明	事　件	说　明
Text	按钮上显示的文本	Click	单击按钮时发生
TextAlign	按钮上文本的对齐方式		

4．单选按钮(RadioButton)

单选按钮为用户提供由两个或多个互斥选项组成的选项的集合。单选按钮控件如图 5-6 所示。在图 5-2 中，"男"、"女"就是单选按钮。我们可以使用一个分组框或面板把一组单选按钮组合起来，来确保只有一个单选按钮能被选中。单选按钮的主要属性和事件参见表 5-4。

RadioButton

图 5-6 单选按钮控件

表 5-4　单选按钮控件的常用属性和事件

属　性	说　明	事　件	说　明
Checked	指示单选按钮是否已选中	Click	单击单选按钮时发生
Text	单选按钮显示的文本		

5．列表框(ListBox)

列表框用于显示一个完整的列表项，用户可以从中选择一个或多个选项，列表中的每个元素都称为一个"项"(Item)。列表框控件如图 5-7 所示。在图 5-2 中，"年级"标签后的控件就是列表框控件。列表框的主要属性参见表 5-5。

ListBox

图 5-7 列表框控件

表 5-5　列表框控件的常用属性

属　性	说　明
Items	列表框中所有的项
Text	当前选定项的文本
SelectedIndex	当前选定项目的索引号，列表框中的每个项都有一个索引号，从 0 开始
SelectedItem	获取当前选定的项

6．组合框(ComboBox)

组合框结合了文本框和列表框控件的特点，允许用户在组合框内键入文本或从列表中进行选择。组合框控件如图 5-8 所示。在图 5-2 中，"班级"标签后的控件就是组合框。它几乎支持列表框的所有属性，它的主要属性见表 5-6。

ComboBox

图 5-8 组合框控件

表 5-6　组合框控件的常用属性

属　　　性	说　　　明
Items	组合框中的项
DropDownStyle	定义组合框的风格，指示是否显示列表框部分，是否允许用户编辑文本框部分
Text	与组合框关联的文本
SelectedIndex	当前选定项目的索引号，列表框中的每个项都有一个索引号，从 0 开始
SelectedItem	获取当前选定的项

7. 分组框(GroupBox)

分组框用于为其他控件提供可识别的分组。我们通常使用分组框按功能细分窗体，分组框控件如图 5-9 所示。在图 5-2 中，"用户注册信息"、"用户基本信息"都是分组框，通过它的 Text 属性可以设置分组框上显示的标题。

图 5-9　分组框控件

8. 面板(Panel)

面板的功能和分组框类似，都是用来将控件分组的。它们之间唯一不同的是，面板没有标题，但可以显示滚动条。面板控件如图 5-10 所示。在图 5-2 中，"男"、"女"两个单选按钮就是放在一个面板中的，默认情况下它是不显示的。

图 5-10　面板控件

5.1.2　使用控件设计窗体的步骤

(1) 切换到窗体设计器。

(2) 在工具箱中，展开"所有 Windows 窗体"选项卡。

(3) 将要使用的控件拖放到窗体上。

(4) 设置控件的属性和事件。

注意　每个控件都有一个 Name 属性，用以在代码中表示该对象。我们每拖放到窗体上一个控件，都首先要为控件命名。通常加的前缀：Label 为 lbl，TextBox 为 txt，Button 为 btn，RadioButton 为 rdo，ComboBox 为 cbo，ListBox 为 lso，GroupBox 为 grp，Panel 为 pnl。

▶ **任务实施**

任务 5-1　"创建学员用户"窗体界面。

下面我们以"创建学员用户"窗体界面为例，说明基本控件的用法。对于"用户登录"窗体(UserLoginForm)界面，读者可以参考"创建学员用户"窗体界面自己独立实现。

"创建学员用户"窗体界面的实现步骤如下：

(1) 新建一个项目 MySchool 并在项目中添加一个窗体。在解决方案资源管理器中，选中项目的名称，单击鼠标右键，选择"添加"→"Windows 窗体"选项，如图 5-11 所示。将窗体的名称和窗体文件的名称都改为 AddStudentForm。

（2）按照使用控件设计窗体的 4 个步骤，在窗体上放置如图 5-2 所示的控件，并设置它们的 Name 和 Text 属性。

（3）设置显示密码的文本框，将密码和确认密码的两个文本框的 PasswordChar 属性设置为"*"，这样当用户输入时，就不会显示输入的真正信息了。

（4）编写控件的事件处理程序。当用户单击"关闭"按钮时，窗口就关闭。选中图 5-2 中的"关闭"按钮，在"属性"窗口找到它的 Click 事件，双击"Click()"方法，如图 5-12 所示。

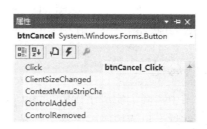

图 5-11　添加"创建学员用户"窗体　　　图 5-12　生成"取消"按钮的 Click 事件处理方法

```
// "取消"按钮的 Click 事件处理程序
private void btnCancel_Click(object sender, EventArgs e)
{
        this.Close();
}
```

为了能够关闭窗体，我们在方法中编写了 this.Close()，其中，this 代表当前窗体，它的 Close()方法可以关闭窗体。

（5）一个项目中一般有多个窗体，运行项目时加载的窗体可以通过代码进行设置。如把上面新建的"创建学员用户"窗体设置为运行时加载窗体，就需要修改 Main()方法。在解决方案资源管理器中，打开 Program.cs 文件，修改 Main()方法中的 Application.Run()方法，将它的参数修改为要运行窗体(AddStudentForm)的类名。

```
static   void   Main()
{
        Application.EnableVisualstyles ();
        Application.SetCompatibleTextrenderingDefaut (false);
        Application.Run(new AddStudeneForm());   //修改此方法设置运行的窗体
}
```

现在再来运行项目，就能够看到如图 5-2 所示的窗体了，单击"关闭"按钮，窗体将关闭。

▶ **知识拓展**

实现从"系统登录"窗体到"添加学员用户"窗体的跳转。

当"系统登录"窗体和"添加学员用户"窗体创建完成后，希望在登录窗体中输入用户名和密码，选择"用户类型"，点击"登录"按钮后，跳转到"添加学员用户"窗体。这时，就需要在"登录"按钮的 Click 事件处理程序中，添加如下代码：

```
Private    void    btnLogin_Click (object sender, System.EventArgs e)
{
    AddStudentForm addStudentForm=new AddStudentForm();
    addStudentForm.Show();        //实现"创建学员用户"窗体的显示
    this.Hide();                  //隐藏"系统登录"窗体
}
```

注意　此处使用了 this.Hide()方法实现"用户登录窗体"的隐藏，也可以使用 this.Visible=false;，但是不能使用 Close()。若使用了 Close()方法，则会导致程序的中止执行。

▶ 归纳总结

在本节中，我们完成了 MySchool 项目的"添加学员用户"窗体和"系统登录"窗体的设计，在这个过程中需要掌握以下技能：

(1) 利用 VS 创建 Windows 应用程序。

(2) 会使用常用的基本控件设计窗体界面。

(3) 会生成并编写窗体和控件的事件处理程序。

(4) 使用窗体的 Show()方法实现窗体间的跳转。

任务 5.2　"高校学生管理系统"的主菜单设计

▶ 任务描述

任何一个功能强大的 Windows 窗体应用程序，必定会有一个功能强大的菜单系统。在本节我们将要实现"高校学生管理系统"的主菜单设计，最终效果如图 5-13 所示。

图 5-13　"高校学生管理系统"主界面菜单系统设计效果

▶ 预备知识

5.2.1　菜单条控件简介

菜单是 Windows 窗体应用程序中最常用的控件之一。菜单能把应用程序的功能进行分组，方便用户查找和使用。如 Windows 7 操作系统中，"计算机"窗体的菜单如图 5-14 所示。

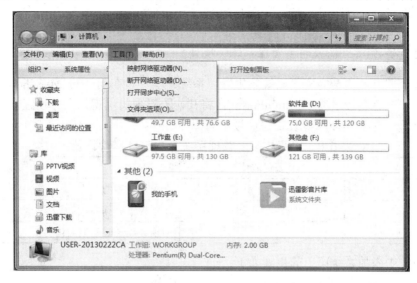

图 5-14 Windows 7 系统中"计算机"窗体菜单

在图 5-14 中可以看到，停靠在窗体最上面的是菜单条，菜单条中包含的每一项是顶层菜单项，顶层菜单项下的选项称为"子菜单"或"菜单项"。.NET 为我们提供了一个 MenuStrip 控件，如图 5-15 所示。利用该控件能快速、方便地创建菜单。利用菜单条控件可以轻松地创建 Windows 7 系统"计算机"窗口那样的菜单，在菜单条中可以添加菜单项(MenuItem)、组合框(ComboBox)、文本框(TextBox)。菜单条控件的主要属性参见表 5-7。

MenuStrip

图 5-15 菜单条控件

表 5-7 菜单条控件的常用属性

属　　性	说　　明
Name	代码中菜单对象的名称
Items	在菜单中显示的项的集合
Text	与菜单相关联的文本

5.2.2 创建菜单的步骤

利用菜单条控件创建菜单的步骤如下：

(1) 切换到窗体设计器。

(2) 在工具箱中，展开"所有 Windows 窗体"选项卡。

(3) 选中 MenuStrip。

(4) 单击窗体。

(5) 添加菜单项。

(6) 设置菜单项的属性。

▶ 任务实施

任务 5-2 完善"高校学生管理系统"项目。

下面我们就开始逐渐完善"高校学生管理系统"项目。在创建的 MySchool 项目中添加一个窗体，并将其命名为"AdminForm"，将其作为管理员主窗体，并设置窗体的属性，如表 5-8 所示，通过 Icon 属性设置窗体显示的图标。

表 5-8 "高校学生管理系统"主窗体属性设置

属性名	属性取值	说 明
Name	AdminForm	窗体对象的名称
Text	MySchool-管理员	设置窗体标题显示文本
WindowState	Maximized	窗体出现时是最大化的

在主窗体中添加系统菜单的步骤如下：

(1) 切换到 AdminForm 的设计窗口，在工具箱中找到如图 5-15 所示的菜单条控件。

(2) 将 MenuStrip 控件从工具箱拖到窗体上。MenuStrip 控件将自动停在窗体的顶端，并在窗体下方的区域中添加了一个代表菜单的图标，如图 5-16 所示。

图 5-16 窗体下方产生的图标

(3) 选中窗体下方的菜单控件，在"属性"窗口中将它的 Name 属性改为 msAdmin。

(4) 添加菜单项。选中 msAdmin 菜单控件，会发现在窗体的顶部出现一个灰色的区域，并包含一个标记为"请在此处键入"的方框，如图 5-17 所示。单击这个方框，输入文本就添加了一个顶层菜单项。当新的菜单项添加到菜单条上之后，在它的右侧和下面会出现两个"请在此键入"的方框，我们可以继续添加菜单项，在所有的菜单项添加完后，如图 5-13 所示。

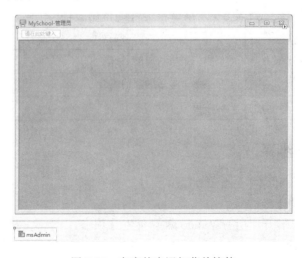

图 5-17 向窗体中添加菜单控件

(5) 设置菜单项的属性。每个菜单项都有最基本的 Name 属性和 Text 属性。Name 属性按编码规范设置为一个有意义的名字，并以 tsmi 作为前缀；Text 属性就是菜单项上显示的文字。

(6) 处理菜单项事件。当用户选择"退出"时，程序退出。选中"退出"菜单项，在"属性"窗口中切换到事件列表，找到 Click 事件，按照任务 5.1 中介绍的创建事件处理程序的步骤，创建"退出"菜单项的事件处理程序 tsmiExit_Click 的方法。实现"退出"功能的代码如下：

```
//用户选择"退出"菜单项时，退出应用程序
private void tsmiExit_Click(object sender. EventArge e)
{
    Application.Exit( );      //退出应用程序的方法
}
```

方法中 Application 代表应用程序，Exit 是退出的意思，使用这个方法就能够退出应用程序。

注意 为菜单设置 Name 属性时，加前缀 ms，如 msUser。为菜单项设置 Name 属性时，加前缀 tsmi，如 tsmiAddStudentUser、tsmiExit 等。

▶ **知识拓展**

快捷菜单是菜单系统中另外一种常用的菜单。快捷菜单是显示与特定项目相关的一列命令的菜单，即鼠标右击时常出现的那个菜单，所以也叫右键菜单。如在 Windows 7 系统中，"计算机"图标上单击鼠标右键出现的菜单就是快捷菜单。

快捷菜单的使用方法和主菜单的使用方法类似，在后续内容中，我们将会在"高校学生管理系统"中应用快捷菜单，以实现学员信息的修改和删除。

▶ **归纳总结**

在本节中，完成了"高校学生管理系统"的主菜单设计，要求读者应了解菜单的功能和基本结构，掌握用菜单编辑器设计下拉式菜单系统外观的基本方法，理解并掌握编写菜单事件过程的方法，能够使用菜单条(MenuStrip)控件创建主菜单。

任务 5.3 "高校学生管理系统"提示功能的实现

▶ **任务描述**

用户在进行某些危险性操作时，如修改、删除操作等，应该给用户以必要的提示，以防止用户的误操作。本任务将实现用户登录时，用户名密码和用户类型的非空输入验证，若用户输入为空，则出现消息提示，提示用户输入相应的信息。例如，当用户未输入用户名，则出现提示信息，如图 5-18 所示。

图 5-18 未输入用户名时
出现的提示框

▶ 预备知识

在我们的操作系统中，当删除文件时，系统常常会弹出如图 5-19 所示的消息，以便再次确认操作。

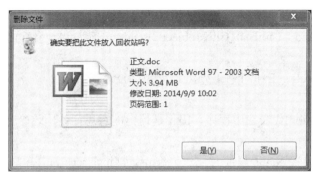

图 5-19 删除文件时出现的消息框

5.3.1 消息框的创建方法

消息框一般用来向用户显示消息，并提供选择按钮向用户请求信息。

消息框是一个 MessageBox 对象，那么，如何创建消息框呢？这需要使用 MessageBox 的 Show()方法。常用的消息框有 4 种类型：

- 最简单的消息框：

    MessageBox.Show(Message);

- 带标题的消息框：

    MessageBox.Show(Message，Title);

- 带标题、按钮的消息框：

    MessageBox.Show(Message，Title，MessageBoxButtons);

- 带标题、按钮、图标的消息框：

    MessageBox.Show(Message，Title，MessageBoxButtons，MessageBoxIcon);

其中，Message 为要显示的提示信息字符串，Title 为消息框的标题，MessageBoxButtons 为消息框的按钮样式，MessageBoxIcon 为消息框中显示的图标类型。

在 Show 方法的参数中，使用 MessageBoxButtons 来设置消息对话框要显示的按钮的个数及内容，此参数是一个枚举值，其组成如表 5-9 所示。

表 5-9 MessageBoxButtons 参数的取值

成员名称	说 明
AbortRetryIgnore	在消息框对话框中提供"中止"、"重试"和"忽略"三个按钮
OK	在消息框对话框中提供"确定"按钮
OKCancel	在消息框对话框中提供"确定"和"取消"两个按钮
RetryCancel	在消息框对话框中提供"重试"和"取消"两个按钮
YesNo	在消息框对话框中提供"是"和"否"两个按钮
YesNoCancel	在消息框对话框中提供"是"、"否"和"取消"三个按钮

在 Show 方法中，使用 MessageBoxIcon 枚举类型定义显示在消息框中的图标类型，其可能的取值和形式如表 5-10 所示。

表 5-10　MessageBoxIcon 参数的取值

成员名称	图标形式	说　　　明
Asterisk		圆圈中有一个字母 i 的提示符号图标
Error		红色圆圈中有白色×的错误警告图标
Exclamation		黄色三角中有一个！的符号图标
Hand		红色圆圈中有一个白色×的图标符号
Information		信息提示符号
None		没有任何图标
Question		圆圈中一个问号的符号图标
Stop		背景为红色圆圈中有白色×的符号
Warning		背景为黄色的三角形中有!的符号图标

5.3.2　消息框的返回值

每个消息框都有一个返回值，是一种 DialogResult(对话框返回值)类型，其值也是一个枚举类型。DialogResult 的取值如表 5-11 所示。

表 5-11　DialogResult 的取值

成员名称	说　　　明
Abort	点击了"中止"按钮
Retry	点击了"重试"按钮
Ignore	点击了"忽略"按钮
Cancel	点击了"取消"按钮
OK	点击了"确定"按钮
Yes	点击了"是"按钮
No	点击了"否"按钮

【例 5-1】　测试用户在实现登录提示消息框中点击了哪个按钮。

```
//验证是否输入了信息
Private void btnLogin_Click (object sender.   EventArges e)
{    if (txtLoginId.Text   ==   "")
    {   DialogResult   result;
        result   =   MessageBox.Show("请输入用户名", "输入提示",
        MessageBoxButtons.OKCancel,MessageBoxIcon.Information);
        if   (result == DialogResult.OK)
        {
            MessageBox.Show("你选择了确认按钮");
        }
```

```
        else
        {
            MessageBox.Show("你选择了取消按钮");
        }
    }
}
```

运行程序，在弹出消息框时单击"确定"按钮，将会再弹出如图 5-20 所示的消息框。这说明程序确认检测到了消息框的返回结果。

图 5-20　检测消息框的结果

▶ **任务实施**

任务5-3 实现"高校学生管理系统"MySchool 项目中登录窗体的输入提示功能。

下面我们实现"高校学生管理系统"MySchool 项目中登录窗体的输入提示功能。系统登录窗体界面，如图 5-1 所示。在登录窗体中，当用户单击"登录"按钮时，需要进行用户名是否为空的检测，如果用户名为空，就弹出一个消息框，提示需要填写用户名。

具体实现步骤如下：

(1) 生成"登录"按钮的 Click 事件处理程序 btnLogin_Click()方法。

(2) 在方法中添加显示消息框的代码。

```
//单击"登录"按钮时，设置用户名和登录类型
private void btnLogIn_Click(object sender, EventArgs e)
{   if (this.txtLogInId.Text.Trim() == "")            //判断"用户名"文本中的字符串是否为空
    {   MessageBox.Show("请输入用户名");
        MessageBox.Show("请输入用户名", "输入提示");
        MessageBox.Show("请输入用户名", "输入提示", MessageBoxButtons.OKCancel);
        MessageBox.Show(" 请 输 入 用 户 名 ", " 输 入 提 示 ", MessageBoxButtons.OKCancel,
MessageBoxIcon.Information);
    }
}
```

在 Program.cs 文件中将登录窗体设为运行窗体，运行项目后，单击登录窗体的"登录"按钮，将分别显示 4 个消息框，如图 5-21 所示。

(a) 消息框 1　　　　(b) 消息框 2　　　　(c) 消息框 3　　　　(d) 消息框 4

图 5-21　提示输入用户名的 4 种类型消息框

你注意到 4 个消息框的区别了吗？第 1 个消息框只有一条消息和一个"确定"按钮(如图 5-21(a)所示)。第 2 个消息框标题上显示了文字(如图 5-21(b)所示)。第 3 个消息框(如图 5-21(c)所示)增加了一个参数 MessageBoxButtons.OKCancel，它的作用是让消息框显示"确定"和"取消"按钮，MessageBoxButtons 里面定义了很多种按钮，可以通过点运算符"."来选择需要的按钮。第 4 个消息框(如图 5-21(d)所示)又增加了一个参数 MessageBoxIcon.Information，它的作用是设置消息框显示的图标，MessageBoxIcon 里面定义了很多常用的图标，也可以通过点运算符"."来选择需要的图标(Icon: 图标)。

在第 3 个和第 4 个消息框中都有两个按钮，那么怎么能知道用户单击了哪个按钮呢？其实每个消息框都有一个返回值，是 DialogResult(对话框返回值)类型，可以通过点运算符"."来获取其中的一种返回值，如

　　　　DialogResult.OK　　　//用户单击了"确定"按钮返回的值

知识拓展

【例 5-2】 设计应用程序，在文本框中输入圆的半径，然后判断输入的半径是否合理。若输入的半径大于 0，则计算圆的面积并使用消息框输出。若输入的半径小于或者等于 0，则使用消息框询问是否重新输入，如果选择"是"，则清空文本框，等待重新输入；否则不做任何处理。

本例实现步骤如下：

(1) 首先新建一个名为"ComputeCircleArea"的 Windows 窗体应用程序，然后在窗体上依次添加 1 个 Label 控件、1 个 TextBox 控件和 1 个 Button 控件，并按照表 5-12 所给出的信息设置各元素的属性。设计完毕后的程序界面如图 5-22 所示。

表 5-12　DialogResult 的取值

控件类型	Name 属性	Text 属性
Form	ComputeCircleAreaForm	计算圆的面积
Label	lblMsg	请输入圆的半径：
TextBox	txtRadius	无
Button	btnResult	查看结果

图 5-22　程序界面

(2) 根据题意，单击"查看结果"按钮即判断输入的半径是否合理，若输入的半径大于 0，则计算圆的面积并使用消息框输出。若输入的半径小于或者等于 0，则使用消息框询问是否重新输入，如果选择"是"，则清空文本框，等待重新输入；否则不做任何处理。因

此编写"查看结果"按钮的单击(Click)事件代码如下：

```
private void btnResult_Click(object sender, EventArgs e)
{
    float radius;
    float area;
    const float PI = 3.14F;
    radius = float.Parse(txtRadius.Text);
    if (radius > 0)
    {
        area = PI * radius * radius;
        MessageBox.Show("圆的面积为： " + area.ToString(), "输出结果");
    }
    else
    {
        if (MessageBox.Show("输入的半径有误,重新输入?", "输入错误",
        MessageBoxButtons.YesNo, MessageBoxIcon.Question)== DialogResult.Yes)
        {
            txtRadius.Text = "";
            txtRadius.Focus();
        }
    }
}
```

① 代码 const float PI = 3.14F 用于声明一个常量 PI，字符 F 表示 3.14 为 float 类型的值，并赋给 PI。

② 代码 radius = float.Parse(txtRadius.Text)将输入的半径值转换成 float 类型数值，并赋值给变量 radius。Parse()是将字符串型数据转换成数值型数据的方法。

③ 表达式""圆的面积为： " + area.ToString()"中的加号"+"用于链接两个字符串，ToString()方法用于将数值型数据转换成字符串型数据。

④ 表达式"DialogResult.Yes"表示对话框(此处为消息框)的返回值为 Yes。

⑤ 代码 txtRadius.Text = ""将空字符串赋给文本框的 Text 属性，即用于清空 txtRadius 文本框。而代码 txtRadius.Focus()表示将焦点设置到 txtRadius 文本框。

⑥ 本程序没有考虑输入的半径 radius 为空的情况，如果不输入半径，直接单击"输出结果"按钮，则会产生异常。有兴趣的读者可以自行完善该程序。

(3) 代码编写完毕后，按下"F5"键运行程序，在文本框中输入圆的半径为"2"，然后单击"查看结果"按钮，弹出的消息框输出圆的面积，如图 5-23 所示。

(4) 单击如图 5-23 所示的消息框中的"确定"按钮，关闭消息框。并重新输入圆的半径为"–2"，再单击"查看结果"按钮，弹出的消息框如图 5-23 所示。

(5) 单击如图 5-24 所示的消息框中的"是"按钮，则消息框关闭，同时文本框中的"–2"被清除，并且鼠标光标(焦点)也被定位到了该文本框中。

图 5-23　输出圆的面积　　　　　　　　　　图 5-24　输出的半径有误提示

注意　若在如图 5-24 所示的消息框中单击的是"否"按钮，则仅关闭消息框，不做其他的任何处理。

▶ **归纳总结**

在本节中，首先介绍了消息框的类型以及在应用程序中使用消息框的情况；然后介绍了在 Visual Studio 2012 中使用 MessageBox 创建消息框的方法，其中详细介绍了 MessageBox 各参数的含义和作用；最后用一个实例介绍了 MessageBox 的使用。

使用 MessageBox.Show()方法可以显示消息框，消息框的返回值是一个 DialogResult 类型。

任务 5.4　断点调试与良好编程习惯的养成

▶ **任务描述**

程序调试的目的是发现程序中存在的错误并改正，以便在投入生产性运行之前，尽可能多地发现并排除软件中隐藏的错误，从而提高软件的质量。在使用 C# 语言进行软件开发时，断点调试是实现程序调试的最有效方法。良好的编程习惯也有助于我们阅读程序和快速发现程序中出现的问题。

在本任务中，要求创建一个控制台应用程序，并观察断点的变化。

▶ **预备知识**

Visual Studio 2012 提供了 3 种工作模式：设计模式、发布模式和调试模式。Visual Studio 2012 启动后自动进入设计模式，此时可进行窗体及代码的设置，也可以设置断点和建立监视表达式等。发布模式是直接运行应用程序，不输出调试信息。调试模式是指运行应用程序并进行调试的模式。

在调试模式下，不中断应用程序的运行，通过输出调试信息来判断程序运行状态并排除错误的模式，称为非中断调试模式。在调试模式下，通过设置断点中断应用程序的运行，使用监视变量内容、单步执行代码、使用调试窗口修改变量和属性的值、改变程序流程等方法，对应用程序进行调试并排除程序错误的模式，称为中断调试模式。

Visual Studio 2012 提供了很多进入调试模式的方法，可通过"调试"菜单进入调试模式，使用"调试"工具栏以及调试窗口等实现中断模式下的调试。"调试"菜单和"调试"工具栏分别如图 5-25 和图 5-26 所示。

图 5-25　"调试"菜单

图 5-26　"调试"工具栏

5.4.1　断点调试

中断模式下的调试(简称断点调试)是 Visual Studio 2012 中实现调试的主要方法。有多种方式可以进入中断调试模式。进入中断模式后，可以单步执行应用程序，监视局部变量的值，帮助程序员快速发现程序中出现的问题。

1.　进入中断模式

在图 5-26 中，单击"启动"按钮，启动应用程序；单击"全部中断"按钮，中断应用程序的运行进入中断模式；单击"停止"按钮，停止应用程序运行。也可以设置断点，当程序执行到断点时，暂停执行，进入中断模式。断点是一种设在代码中的标记，可以使 Visual Studio 2012 程序执行到该标记指定行时暂停执行代码。

【例 5-3】　创建一个控制台应用程序，项目名称为 TheSumOfOneToHunder。

核心代码如下：

```
static void Main(string[] args)
{
    long sum = 0;
    for (int i = 1; i <= 100; i++)
        sum += i;
    Console.WriteLine("和为：{0}", sum);
}
```

(1) 设置断点。

设置断点有多种方式，最简单且最常用的一种方法是：首先将光标定位到要设置断点的代码行，然后按"F9"键在该行设置断点；或在设计模式下，直接单击要设置断点的代码行左侧的灰色区域设置。设置断点后，该代码行显示为棕红色，左边灰色区域有一个棕红色圆点，如图 5-27 所示。

```
namespace TheSumOfOneToHunder
{
    class Program
    {
        static void Main(string[] args)
        {
            long sum = 0;
            for (int i = 1; i <= 100; i++)
                sum += i;
            Console.WriteLine("和为：{0}", sum);
        }
    }
}
```

图 5-27　设置断点后的效果

(2) 修改断点属性。

在默认情况下，程序执行到断点总是会暂停下来，但用户有时候需要在一定条件下暂停程序执行，这时就需要设计断点的有效条件。例如，在一个 100 次的循环中，循环计数变量 i 的值将从 1 开始递增，直至增加到 100，如果在循环体内设置无条件断点，循环体每执行一次中断一次，这对程序员调试来说是很繁重的劳动。如果用户想从第 99 次开始观察循环计数变量的值，就可以设置该断点的条件属性(i≥99)。

设置断点的条件，可右键单击已经设置断点的行，在快捷菜单中选择"断点"→"条件"命令，打开"断点"对话框，如图 5-28 所示。在"条件"文本框中输入命中该断点的条件，它的作用是在程序执行到达断点位置时，计算表达式的值，只有表达式为真或已更改，才命中该断点，如在图 5-29 中的断点条件对话框中输入条件"i>=99"。

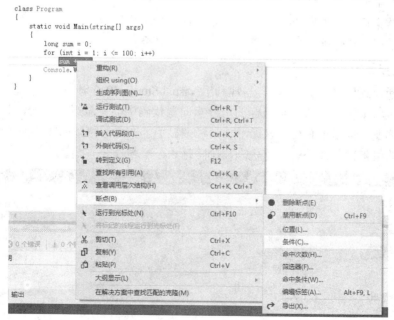

图 5-28　打开设置断点条件方式

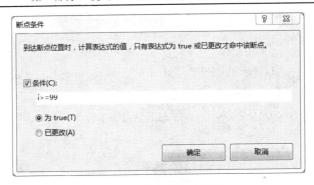

图 5-29　断点条件对话框

命中次数是指断点被命中的次数。设置断点的命中次数，可右键单击已设置断点的行，在快捷菜单中选择"断点"→"命中次数"命令，打开如图 5-30 所示"断点命中次数"对话框。在其中设定断点的命中次数，当程序执行到达断点位置并满足条件时命中断点。

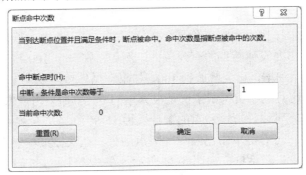

图 5-30　断点命中次数对话框

(3) 删除断点。

在调试结束后应删除断点，删除断点时，可直接单击断点行左侧的棕红色圆点，或在断点行右键单击，在快捷菜单中选择"删除断点"命令。

2．监视变量的内容

进入中断模式后，用户可以很容易地利用 Visual Studio 2012 开发工具监视变量的内容。

在程序进入中断模式后，将鼠标的指针指向源代码中的变量或表达式，此时就出现一个黄色的局部变量提示工具栏，该提示工具栏中显示了变量的值，如图 5-31 所示。用户可以通过变量的值来判断程序的运行状态，排除错误。

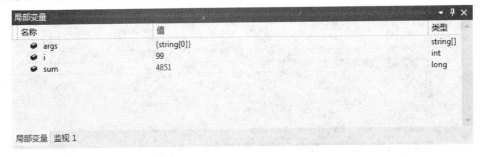

图 5-31　"局部变量"窗口

在图 5-31 中有一个变量列表，显示了变量的名称、值和变量的类型。可以通过这个窗口编辑变量的值，在值输入框中输入值，就会绕过代码中的语句直接给变量赋值。"自动窗口"中会自动显示当前使用的变量。

监视窗口共有 4 个，可以监视特定的变量和特定的表达式。要监视变量或表达式，可以在监视窗口中的名称栏中直接输入变量名或表达式，在断点之前的变量值显示颜色为黑色，变化后的值显示为红色，用户很容易看出哪些变量发生了变化。

注意　如果局部变量窗口没有显示，可以通过"调试"→"窗口"→"局部变量"进行处理。

3．单步执行程序

在进入中断模式后，用户可以通过"局部变量"等窗口查看变量或表达式的值，但是计算机比用户的计算速度要快得多，所以单步执行代码能够让用户查看和分析每一步执行的结果，这是一个重要的技巧，对程序调试工作非常重要。

单步执行是指逐语句、逐过程和跳出等调试方法。逐语句即一次执行一条语句，每执行一条，可通过即时窗口查看程序中存在的问题。逐过程即如果当前语句包含过程调用(方法调用)，则把被调用过程当做一条语句来执行，而不会进入到过程中。跳出就是执行到代码块的末尾，在执行完语句块后，重新进入中断模式。

5.4.2　良好编程习惯的养成

1．命名惯例和规范

(1) 帕斯卡(Pascal)命名法：若一个标识符由多个单词构成，则每个单词的首字母都要大写。类名、方法名使用 Pascal 命名法。

(2) 骆驼(Camel)命名法：若一个标识符由多个单词构成，则除第一个单词的首字母小写外，剩余所有单词的首字母大写。变量名、方法参数使用 Camel 命名法。

(3) 根据类的具体情况进行合理的命名。

以 Class 声明的类，都必须以名词或名词短语命名，体现类的作用。如

　　Class Indicator

当类只需有一个对象实例(全局对象，比如 Application 等)时，必须以 Class 结尾。如

　　Class ScreenClass

　　Class SystemClass

当类只用于作为其他类的基类时，可根据情况以 Base 结尾。如

　　Class IndicatorBase

(4) 不要使用匈牙利方法来命名变量

以前，多数程序员喜欢把"_"作为变量名的前缀，而把"m_"作为成员变量的前缀。例如

　　string m_sName; int _nAge;

然而，这种方式在 .NET 编码规范中是不推荐的。所有变量都用 Camel 命名法命名，而不是用数据类型和 m_来作前缀。

(5) 控件命名。

控件名称与对应缩写前缀如表 5-13 所示。

表 5-13　控件名称与对应缩写前缀表

控件名称	控件缩写前缀	控件名称	控件缩写前缀
Label	lbl	Table	tbl
TextBox	txt	Panel	pnl
Button	btn	LinkButton	lnkbtn
CheckBox	chk	ImageButton	imgbtn
RadioButton	rdo	Calender	cld
CheckBoxList	chklst	AdRotator	ar
RadioButtonList	rdolst	RequiredFieldValidator	rfv
ListBox	lst	CompareValidator	cv
DropDownList	ddl	RangeValidator	rv
DataGrid	dg	RegularExpressionValidator	rev
DataList	dl	ValidatorSummary	vs
Image	img	CrystalReportViewer	rptvew

(6) 用有意义的描述性的词语来命名变量。

在命名变量时，不要使用单个字母的变量如 i、n、x 等，应使用 index、temp 等。但用于循环迭代的变量例外，如

　　　　for (int i = 0; i < count; i++){ ...}

如果变量只用于迭代计数，并没有在循环的其他地方出现，许多人还是喜欢用单个字母的变量(i)，而不是另外取名。

(7) 变量名中不使用下划线 (_)。

(8) 文件名要和类名匹配。

例如，对于类 HelloWorld，相应的文件名应为 HelloWorld.cs (或 HelloWorld.vb)。

2. 良好的编程习惯

(1) 避免使用大文件。如果一个文件里的代码超过 300~400 行，必须考虑将代码分开到不同的类中。

(2) 避免写太长的方法。一个典型的方法代码在 1~25 行之间。如果一个方法发代码超过 25 行，应该考虑将其分解为不同的方法。

(3) 方法名需能看出它的作用，避免使用会引起误解的名字。如果能够做到见名知义，就无需用文档来解释方法的功能了。

(4) 一个方法只完成一个任务。不要把多个任务组合到一个方法中，即使那些任务都非常小。

(5) 不要在程序中使用固定数值，用常量代替。

(6) 必要时使用枚举类型 enum。不要用数字或字符串来指示离散值。

【例 5-4】　使用枚举类型替代离散值。

```
enum MailType { Html, PlainText, Attachment }
void SendMail (string message, MailType mailType)
{
    switch ( mailType )
    {
        case MailType.Html:
            // Do something
            break;
        case MailType.PlainText:
            // Do something
            break;
        case MailType.Attachment:
            // Do something
            break;
        default:
            // Do something
            break;
    }
}
```

(7) 不要把成员变量声明为 public 或 protected，都声明为 private。

(8) 不在代码中使用具体的路径和驱动器名。使用相对路径，并使路径可编程。

(9) 人性化消息提示。

(10) 多使用 StringBuilder 替代 String。String 对象是不可改变的。每次使用 System.String 类中的方法之一时，都要在内存中创建一个新的字符串对象，这就需要为该新对象分配新的空间。在需要对字符串执行重复修改的情况下，与创建新的 String 对象相关的系统开销可能会非常昂贵。如果要修改字符串而不创建新的对象，则可以使用 System.Text.StringBuilder 类。例如，当在一个循环中将许多字符串连接在一起时，使用 StringBuilder 类可以提升性能。

以下方法常用于修改 StringBuilder 的内容：

① StringBuilder.Append：将信息追加到当前 StringBuilder 的结尾。

② StringBuilder.AppendFormat：用带格式文本替换字符串中传递的格式说明符。

③ StringBuilder.Insert：将字符串或对象插入到当前 StringBuilder 对象的指定索引处。

④ StringBuilder.Remove：从当前 StringBuilder 对象中删除指定数量的字符。

⑤ StringBuilder.Replace：替换指定索引处的指定字符。

3. 注释

(1) 文件头部注释。

在代码文件的头部进行注释，标注出创始人、创始时间、修改人、修改时间、代码的功能等，这在团队开发中是必不可少的，可以使后来维护、修改的同伴在遇到问题时，在第一时间知道应该向谁去寻求帮助，并且知道这个文件经历了多少次迭代、多少名程序员的更新。

　　【例 5-5】　为程序文件添加头部注释。

```
/*****************************************************
** 作者：  Eunge
** 创始时间：2014-6-8
** 修改人：Koffer
** 修改时间：2014-10-9
** 修改人：Ken
** 修改时间：2014-10-29
** 描述：
** 主要用于产品信息的资料录入，…
*****************************************************/
```

　　(2) 函数、属性、类等注释(可扩充)。

　　请使用"///"三斜线注释，这种注释是基于 XML 的，不仅能导出 XML 制作帮助文档，而且在各个函数、属性、类等的使用中，编辑环境会自动带出注释，方便开发。以 protected、protected Internal、public 声明的定义注释，请都使用这样的命名方法。

　　【例 5-6】　为类添加三斜线注释。

```
/// <summary>
///用于从 ERP 系统中取出产品信息的类
/// </summary>
class ProductTypeCollector
{
    ⋮
}
```

　　(3) 逻辑点注释。

　　在程序中，在我们认为逻辑性较强的地方加入注释，说明这段程序的逻辑是怎样的，以方便自己以后阅读时易于理解以及软件开发人员易于理解，并且这样做还可以在一定程度上排除 BUG。在注释中写明我们编程的逻辑思想，对照程序，判断程序是否符合我们设计的功能需求。

▶ 任务实施

任务 5-4　创建控制台应用程序，观察断点的变化。

　　【例 5-7】　创建一个控制台应用程序，测试斐波那契数列的一个递归实现。通过断点调试观察程序的执行过程。

```
using System;
    ⋮
namespace Fibonacci
```

```
    {
        class Program
        {
            static int Fibonacci(int x)
            {
                if (x <= 1)
                {
                    return 1;
                }
                return Fibonacci(x - 1) + Fibonacci(x - 2);
            }
            static void Main(string[] args)
            {
                Console.WriteLine("Fibonacci no.={0}",Fibonacci(10));
                Console.ReadKey();
            }
        }
    }
```

在以上程序中，使用 Console.WriteLine() 输出针对特定输入值生成的最终斐波那契数列。

▶ 知识拓展

在程序调试过程中，有许多快捷键可以帮助我们实现快速调试。关于调试中用到的快捷键主要有以下几种：

F5：启动调试。

F9：设置断点。

F10：继续向下执行。

F11：进入函数内部。

▶ 归纳总结

想要成为一名优秀的软件开发人员，通过断点调试快速发现软件开发中遇到的问题是一项必备的技能，可以提高开发效率，增强软件的健壮性。良好的编程习惯也是一个软件开发人员在软件开发过程中实现团队合作的前提。

实训练习 5

一、选择题

1. 标签控件的主要作用是(　　)。　　　　　　　　　　　　　　　(选择一项)

A．用于获取用户输入的信息或向用户显示文本

B．用于显示用户不能编辑的文本或图像

C．为用户提供由两个或多个互斥选项组成的选项的集合

D．用于为其他控件提供可识别的分组

2．在 Visual Studio 2012 中，用来创建主菜单的对象是(　　　)。　　　　　　　(选择一项)

A．Menu　　　　　　B．MenuItem　　　　　　C．MenuStrip　　　　　D．Item

3．在弹出的消息框中，单击"确定"按钮，则该消息框的返回值为(　　)。(选择一项)

A．DialogResult.Cancel　　　　　　　　　B．DialogResult.Abort

C．DialogResult.OK　　　　　　　　　　　D．DialogResult.Stop

4．以下设置断点方法正确的有(　　　)。　　　　　　　　　　　　　(选择三项)

A．在需要设置断点的行点击"F9"键

B．在需要设置断点的行点击右键选择切换断点

C．在需要设置断点的行双击鼠标左键

D．在需要设置断点的行的左侧灰色区域单击

二、实训操作题

1．实现"超市管理系统"登录功能，用户名和密码非空验证。当用户名或密码为空时，根据具体情况进行对应消息框提示。

2．创建如图 5-32 所示的菜单条。菜单条与菜单项的命名应根据命名规范进行。

图 5-32　菜单条示例

3．根据消息框的基本语法，创建 4 种不同类型的消息框，并根据点击结果显示不同的提示消息。

单元 6　窗体高级控件的使用

任务 6.1　"高校学生管理系统"工具栏、状态栏的实现

▶ 任务描述

在软件系统中，通常会设计一个工具栏以帮助用户实现常用功能快速操作。在"高校学生管理系统"中，可以借助工具栏软件实现工具栏的设计。状态条可以帮助用户了解当前进行的操作或给用户提供说明性提示。在"高校学生管理系统"中，应用工具条和状态条后的效果如图 6-1 所示。

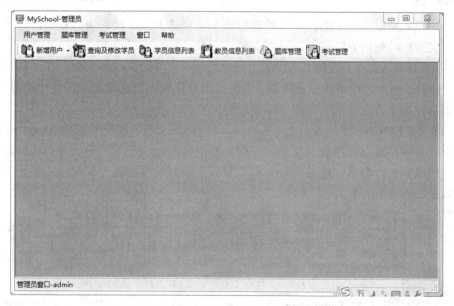

图 6-1　"高校学生管理系统"主界面添加工具条和状态条后的效果

▶ 预备知识

6.1.1　工具栏

通常，在一个应用程序或者操作系统中都有一个工具栏。例如，在 PhotoShop 软件中，界面左侧有钢笔工具、索引工具、图章工具等的一个框也是工具栏。总之，工具栏，顾名

思义，就是在一个软件程序中，综合各种工具，让用户方便使用的一个区域。

在计算机显示器的图形用户界面上，工具栏中放置了界面按钮、图标、菜单或其他输入/输出元素。

在 VS 2012 的工具箱中，为开发人员提供了工具条控件(ToolStrip)，使用工具条控件可以创建功能非常强大的工具栏，工具条控件中可以包含按钮(Button)、标签(Lable)、下拉按钮(DropDownButton)、文本框(TextBox)、组合框(ComboBox)等，可以显示文字、图片或文字加图片。

6.1.2　状态栏

状态栏是包含文本输出窗格或"指示器"的控制条。在 VS 2012 的工具箱中为开发人员提供了状态条控件(StatusStrip)，状态条通常放在窗体的底部，用来显示一些基本信息。在状态条控件中可以包含标签(Lable)、下拉按钮(DropDownButton)等，通常和工具条、菜单条等配合使用。

▶ 任务实施

任务 6-1　"高校学生管理系统"工具栏和状态栏的创建。

下面，我们就以实现"高校学生管理系统"主窗体中工具栏和状态栏创建为例，介绍工具栏和状态栏的使用方法。

(1) 打开任务 5.2 已开发的"高校学生管理系统"主界面 AdminForm，在工具箱中找到 ToolStrip 控件，拖入界面中的任意位置，这时会在设计视图的底部显示工具栏控件的图标，同时在菜单栏的下方会显示一个没有添加任何内容的工具栏。

(2) 将工具栏 Name 属性设置为 tsAdmin，将 DisplayStyle 属性设置为 ImageAndText，在工具栏项目中同时显示图片和文字，并根据要求依次添加工具栏中的各个项目，按"见名知义"的原则进行命名。通过 Image 属性设置工具栏选项的图片效果。主界面工具栏设置后的效果如图 6-2 所示。

图 6-2　主界面工具栏设置后的效果

(3) 在工具箱中找到 StatusStrip 控件，拖入"高校学生管理系统"主窗体 AdminForm 中，将状态栏 Name 属性设置为 ssAdmin。

(4) 在本任务中，希望实现将登录用户的用户名显示在状态栏中，因涉及将登录窗口中的数据传递到主窗体，因此，在程序中创建了类 UserHelper，用以保存用户名和用户类型。UserHelper 类中代码如下：

```
public class UserHelper
{
    public static string loginId = "";          //用户名
```

```
        public static string loginType = "";              //登录类型
    }
```

（5）在系统登录成功后，需要将用户名和登录类型保存起来，以便在主窗体初始化时正确显示。在登录窗体中，相关代码如下：

```
    //如果是合法用户，显示相应的窗体
    if (isValidUser)
    {
        //将输入的用户名保存到静态变量中
        UserHelper.loginId = txtLogInId.Text;
        //将选择的登录类型保存到静态变量中
        UserHelper.loginType = cboLogInType.Text;
        ShowUserForm();              //显示相应用户的主窗体
        this.Visible = false;
    }
    //如果登录失败，显示相应的消息
    else
    {
        MessageBox.Show(message, "登录失败",MessageBoxButtons.OK, MessageBoxIcon.Error);
    }
```

（6）在系统主界面加载时，将保存在静态变量中的用户类型和用户名取出，显示在主窗体状态条控件上。如使用 Admin 用户登录成功后的效果如图 6-3 所示。相关代码如下：

```
    private void AdminForm_Load(object sender, EventArgs e)
    {
        this.slblAdmin.Text =UserHelper.loginType + "-" + UserHelper.loginId;
    }
```

管理员-admin

图 6-3　使用 Admin 用户登录成功后的效果

▶ **知识拓展**

目前，在很多应用软件中都具有可拖拽的工具栏，下面将实现一个可以拖拽的工具栏，该工具栏可以自动停靠。主界面工具栏设置后的效果如图 6-4 所示。

具体实现方法如下：

（1）首先要在窗口上创建一个 ToolStripPanel。

（2）然后直接将 FloatToolstrip 拖放到窗口上，放在 ToolStripPanel 上。

（3）设置 FloatToolstrip 的 ToolStripPanel 属性为第一步创建的 ToolStripPanel。

图 6-4　主界面工具栏设置后的效果

```
public class ToolStripFloatWindow : Form
{
    //解决鼠标拖动后，已经正在创建，但是触发 Dispose 的问题
    private bool hasCreated=false;
    public bool HasCreated
    {
        get
        {
            return hasCreated;
        }
    }
    public ToolStripFloatWindow():base()
    {
        this.FormBorderStyle = System.Windows.Forms.FormBorderStyle.FixedToolWindow;
        this.Name = "ToolStripFloatWindow";
        this.ShowIcon = false;
        this.ShowInTaskbar = false;
        this.TopMost = true;
        this.Load += new System.EventHandler(this.ToolStripFloatWindow_Load);
    }
    private void ToolStripFloatWindow_Load(object sender, EventArgs e)
    {
        this.hasCreated = true;
    }
}
```

▶ 归纳总结

在本节中，介绍了 VS 2012 中工具栏和状态栏的使用方法，并详细介绍了其在"高校学生管理系统"中的具体应用。另外，介绍了实现浮动工具栏的方法，这部分内容难度较大，读者可酌情掌握。

任务 6.2　"高校学生管理系统"关于窗体图片动画效果的实现

▶ 任务描述

在 Windows 应用程序中，一般会设计一个"关于"窗体，用以介绍该软件的版本信息和开发者相关信息。在本任务中，我们将来自主设计一个"关于"窗体，用以显示"高校学生管理系统"的软件版本和版权信息。在"关于"窗体中，要求实现一个动画效果，具

体如图 6-5 所示。

图 6-5   "高校学生管理系统"中"关于"窗体

▶ 预备知识

在我们经常使用的应用程序中，往往选择菜单中的"帮助"→"关于"，会弹出一个"关于"窗体。在"关于"窗体中，一般会显示软件的版本及版权信息，如图 6-6 所示的 360 安全浏览器的"关于"窗体。

图 6-6   360 浏览器的"关于"窗体

下面将实现"高校学生管理系统"的"关于"窗体，在该窗体中，我们用到 3 个控件：图片框、图片列表和定时器。

6.2.1 图片框

图片框(PictureBox)用以实现在 Windows 应用程序中显示图片信息，以及美化软件用户界面。

通常，使用 PictureBox 来显示位图、元文件、图标、JPEG、GIF 或 PNG 类文件中的图形。

在设计或运行时，将 Image 属性设置为要显示的 Image；也可以通过设置 ImageLocation 属性指定图像，然后使用 Load 方法同步加载图像或使用 LoadAsync 方法异步加载图像。SizeMode 属性(设置为 PictureBoxSizeMode 枚举中的值)控制图像在显示区域中的剪裁和定位。在运行时，可以使用 ClientSize 属性来更改显示区域的大小。

在默认情况下，PictureBox 控件在显示时没有任何边框。即使图片框不包含任何图像，仍可以使用 BorderStyle 属性提供一个标准或三维的边框，以便使图片框与窗体的其余部分区分。PictureBox 不是可选择的控件，这意味着该控件不能接收输入焦点。

6.2.2　图片列表

图片列表(ImagesList)类似于已介绍的数组，不过数组中存储的数据为基本数据类型或构造数据类型；而图片列表中的数据是图片，这些图片按添加的先后顺序创建索引，在引用时只需要调用相应的索引即可获取图片列表控件中的某个图片，索引的下标是从 0 开始的。

ImageList 通常由其他控件使用，如 ListView、TreeView 或 ToolBar。可以将位图、图标添加到 ImageList 中，且其他控件能够在需要时使用这些图片。

ImageList 控件通常使用 ColorDepth 属性设置图像列表的颜色深度，使用 Images 属性获取此图片列表的图片集合，使用 ImageSize 属性用以获取或设置图片列表中的图片大小。

6.2.3　定时器

定时器(Timer)控件可以让程序每隔一定时间重复做一件事情。

1．定时器控件的常用属性

(1) Enabled 属性：该属性用来设置定时器是否正在运行。

(2) Interval 属性：该属性用来设置定时器两次 Tick 事件发生的时间间隔，以毫秒为单位。

2．定时器控件的常用方法

(1) Start 方法。该方法用来启动定时器，调用的一般格式如下：

　　Timer 控件名.Start();

(2) Stop 方法。该方法用来停止定时器，调用的一般格式如下：

　　Timer 控件名.Stop();

3．定时器控件的常用事件

定时器控件响应的事件只有 Tick，每隔 Interval 时间将触发一次该事件。

▶ 任务实施

任务 6-2　"高校学生管理系统"中"关于"窗体的创建。

下面将创建 MySchool 项目的"关于"窗口，步骤如下：

(1) 设计基本窗体。在解决方案资源管理器中，为 MySchool 项目添加一个窗体叫 AboutForm。设置该窗体的属性，包括图标、背景图片等。

(2) 我们希望这个窗体能漂亮一点，所以要在上图左边的空白处放置图片。从工具箱中拖出一个图片框(PictureBox)控件到窗体上，设置它的 SizeMode 属性为 AutoSize，就是让图片框的大小和图像大小一样。

(3) 将要显示的图片添加到项目中。选中图片列表(ImageList)控件，在"属性"窗口中找到 Image 属性，打开 Image 属性的编辑窗口，选择要添加到其中的图片。然后修改 ImageSize 属性，按图片的实际大小设置其高和宽。

(4) 设置计时器。我们需要编写计时器(Timer)控件的 Tick 事件处理程序，控制图片切换。选中 Timer 控件，通过"属性"窗口找到 Tick 事件，生成 Tick 的事件处理方法。

我们让图片框(PictureBox)从图片列表(ImageList)的第一个图片开始显示，每次引发 Tick 事件时就显示下一张图片，直到显示到最后一张图片，就再从头开始。为了记录 PictureBox 中显示的图片的索引值，可在 AboutForm 类中增加一个字段 index，然后在 Tick 事件的处理方法中，每次让 index 加 1，整个窗体的代码如下：

```csharp
using System;
    ⋮
namespace MySchool
{
    /// <summary>
    /// About 窗体
    /// </summary>
    public partial class AboutForm : Form
    {
        int index = 0;              //图片框中图片的索引
        public AboutForm()
        {
            InitializeComponent();
        }

        //计时器的 Tick 事件处理方法，定时变换图片框中的图片
        private void timer_Tick(object sender, EventArgs e)
        {
            //如果当前显示的图片索引没有到最大值就继续增加
            if (index < ilAnimation.Images.Count - 1)
            {
                index++;
            }
            else              //否则从第一个图片开始显示，索引从 0 开始
            {
                index = 0;
            }
            //设置图片框显示的图片
            picAnimation.Image = ilAnimation.Images[index];
        }
        //图片框的单击事件处理方法，点击时关闭窗体
        private void picOK_Click(object sender, EventArgs e)
        {
            this.Close();
        }
    }
}
```

　　将定时器的 Enable 属性改为 ture,修改 Program.cs 中运行的窗体为 AboutForm，运行结果如图 6-5 所示。

▶ **知识拓展**

　　【**例 6-1**】　使用定时器控件制作一个窗体飘动的程序。

　　设计思路：

　　定义两个 Timer 控件，一个命名为 timer1，另一个命名为 timer2。timer1 的作用是控制窗体从左往右飘动，而 timer2 控制窗体从右往左飘动，且两个 Timer 控件不能同时启动。

　　这里先设定 timer1 控件启动，当 timer1 启动后，每隔 0.01 秒都会在触发的事件中给窗体的左上角的横坐标值加上"1"，这时看到的结果是，窗体从左往右不断移动，当它移动到一定的位置后，timer1 停止。timer2 启动，每隔 0.01 秒在触发定义的事件中给窗体的左上角的横坐标值减去"1"，这时看到的结果是，窗体从右往左不断移动，当它移动到一定位置后，timer2 停止，timer1 启动，如此反复，这样窗体也就飘动起来了。实现步骤如下：

　　(1) 窗体的初始位置。设定窗体的初始位置，是在事件 Form1_Load()中进行的。此事件是当窗体加载时触发的。Form 有一个 DesktopLocation 属性，这个属性用于设定窗体左上角的二维坐标位置。在程序中，可通过 Point 结构变量来设定此属性的值，具体如下：

```
//设定窗体起初飘动的位置，位置为屏幕坐标(0，240)
private void Form1_Load ( object sender , System.EventArgs e )
{
    Point p = new Point ( 0 , 240 ) ;
    this.DesktopLocation = p ;
}
```

　　(2) 实现窗体从左往右飘动。设定 timer1 的 Interval 值为"10"，就是当 timer1 启动后，每隔 0.01 秒触发的事件是 timer1_Tick()。在这个事件中，编写给窗体左上角的横坐标值不断加"1"的代码就可以了。

```
private void timer1_Tick(object sender, System.EventArgs e)
{
    Point p = new Point ( this.DesktopLocation.X + 1 , this.DesktopLocation.Y ) ;
    this.DesktopLocation = p ;
    if ( p.X == 550 )
    {
        timer1.Enabled = false ;
        timer2.Enabled = true ;
    }
}
```

　　(3) 实现窗体从右往左飘动。其代码设计和从左往右飘动的代码差不多，主要的区别是减"1"而不是加"1"了，具体如下：

```
//当窗体左上角位置的横坐标为-150 时，timer2 停止，timer1 启动
private void timer2_Tick(object sender, System.EventArgs e)
{    Point p = new Point ( this.DesktopLocation.X - 1 , this.DesktopLocation.Y ) ;
     this.DesktopLocation = p ;
     if ( p.X == - 150 )
     {
                timer1.Enabled = true ;
                timer2.Enabled = false ;
     }
}
```

▶ 归纳总结

图片框(PictureBox)控件用以修饰软件界面，在软件中显示图片。图片列表(ImageList)控件用以存储批量图片，供其他控件调用，如 ListView、TreeView、ToolBar 等。定时器(Timer)控件主要用于间隔一定的时间重复执行某项操作的场合。

任务 6.3　实现"关于"模式窗体与用户身份登录验证

▶ 任务描述

平时看到"关于"窗体都是选择"帮助"菜单下的"关于"后才显示的，而且关闭"关于"窗体才能继续其他操作。这种窗体就是模式窗体。本节我们把任务 6.2 中已制作的"关于"窗体定义为模式窗体。

在任务 5.1 中我们创建了登录窗体，如果用户没有输入用户名，就会弹出一个消息框。其实这就是一种输入验证，即用户在窗体中输入时，要让程序检查用户输入的是否符合要求，这就是在界面设计阶段要进行的一项重要任务。本节我们将比较完整地实现用户登录验证功能，如图 6-7 所示。

图 6-7　用户登录验证

▶ 预备知识

6.3.1　模式窗体

当某些窗体用以限制用户只能打开一次时，可以借助模式窗体实现。

模式窗体与非模式窗体的区别：

(1) 模式窗体：必须关闭该窗体，才能操作其他窗体。比如说，必须按"确定"或"取消"，或者按"关闭"。非模式窗体：不必关闭该窗体，就可转换到其他窗体上进行操作。

(2) 模式窗体的显示通过窗体对象名.ShowDialog( )方法打开；非模式窗体通过窗体对象名.Show( )方法打开。

6.3.2　用户登录身份验证

在"高校学生管理系统"中有 3 种用户角色，分别为管理员、学员和教员。在系统登录时，除了要验证用户是否输入了用户名、密码信息，还需要验证用户的登录类型，用以实现成功登录后，跳到哪种类型管理员主界面。

在实现用户身份登录验证时，可以参考任务 5.3 中学过的消息框控件实现相应的提示信息的展示。

▶ **任务实施**

任务 6-3　实现"关于"窗体的模式窗体显示。

平时看到"关于"窗体都是选择"帮助"菜单下的"关于"后才显示的，而且关闭"关于"窗体才能继续其他操作。为了达到这样的设计效果，我们再来修改一下代码，具体步骤如下：

(1) 切换到管理员主窗体的设计器，在窗体上的"帮助"菜单下，增加一个菜单项"关于学生管理系统"。

(2) 编写"关于高校学生管理系统"菜单项的 Click 事件处理程序，通过"属性"窗口生成"关于学生管理系统"菜单项的 Click 事件处理方法，在方法中添加显示"关于"窗体的代码，即

```
// "关于高校学生管理系统"菜单项的 Click 事件处理
AboutForm    aboutForm =new AboutForm();
aboutForm.ShowDialog();
```

可以看出，我们以前都使用 Show()方法显示一个新窗体，而现在却使用了 ShowDialog()方法。这是因为使用 ShowDialog()方法可以将窗体显示为模式窗体，而使用 Show()方法可以将窗体显示为非模式窗体。

任务 6-4　实现用户登录身份验证。

下面将实现完整的用户登录验证功能，具体步骤如下：

(1) 在 VS 中切换到"登录"窗体的编辑器，在其中增加用户输入验证方法，具体如下：

```
public partial class message : Form
{    public message()
    {
        InitializeComponent();
```

```
}
private void btnClose_Click(object sender, EventArgs e)
{
        Application.Exit();
}
//验证用户是否进行了输入和选择
private bool ValidateInput()
{      if (txtName.Text.Trim() == "")
    {
            MessageBox.Show("请输入用户名", "输入提示", MessageBoxButtons.OK,
                            MessageBoxIcon.Information);
            txtName.Focus();
            return false;
    }
    else if (txtPwd.Text.Trim() == "")
    {
            MessageBox.Show("请输入密码", "输入提示", MessageBoxButtons.OK,
                            MessageBoxIcon.Information);
            txtPwd.Focus();
            return false;
    }
    else if (cboType.Text.Trim() == "")
    {
            MessageBox.Show("请选择登录类型", "输入提示", MessageBoxButtons.OK,
                            MessageBoxIcon.Information);
            cboType.Focus();
            return false;
    }
    else
    {
            return true;
    }
    }
    }
```

　　这里强调了控件的 Focus()方法，它的作用就是使焦点停在某个控件上，如果停在文本框中，就会显示光标(l)；如果停在按钮上，按钮的边框就显示为虚线，这样做可以更加明确地帮助用户找到应该输入的位置。

　　(2) 当用户单击"登录"按钮时才能执行这个方法进行验证，所以我们在"登录"窗体的"登录"按钮的 Click 事件处理方法中调用这个方法，选中"登录"按钮，在"属性"

窗口中生成 Click 事件的处理方法，在生成的方法中添加如下代码：

```
//单击"登录"按钮时，验证用户的输入
If(ValidateInput())
{
    MessageBox.Show("验证成功！");
}
else
{
    MessageBox.Show("验证失败！");
}
```

▶ **知识拓展**

问题：在管理员窗体状态条显示当前登录用户名。

分析：根据登录类型，跳转到相应的窗体，新建 UserHelper 类，包括登录名字段。

实现步骤：

(1) 在解决方案资源管理器中，向 MySchool 项目中增加一个类。与增加窗体的操作相同，用鼠标右键单击项目名称，选择"添加"→"类"选项，在弹出的"添加新项"对话框中，输入类的名字为"UseHelper.cs"，单击"添加"按钮后，就在项目中添加了一个类。

(2) 在类中编写代码，我们为 UseHelper 类添加两个字段，并把它们设为静态的(static)，这样在使用的时候就可以直接通过类名访问了。实现代码如下：

```
namespace mySchool
{   public class UserHelper
    {
        public static String loginId = " ";     //用户名
        public static String loginType = " ";    //用户类型
    }
}
```

(3) 在登录窗体中添加一个 ShowUserForm()方法，用来根据登录类型显示相应的窗体，代码如下：

```
public void ShowUserForm()
{   switch (cboType.Text)
    {
        case "管理员":
            AdminForm adm=new AdminForm ();
            adm.Show();
            break;
        default :
            MessageBox.Show("抱歉，你请求的功能尚未完成！");
            break;
    }
```

　　　　}

（4）修改登录窗体的"登录"按钮的 Click 事件处理方法，如果用户输入验证成功，就调用 ShowUserForm()方法来显示相应的窗体。修改后的代码如下：

```
//单击"登录"按钮时，设置登录名和登陆类型
if (isValidUser)
{
    //将输入的用户保存到静态变量中
    UserHelper.loginId =txtName.Text;
    //将选择的登录类型保存到静态变量中
    UserHelper.loginType = cboType.Text;
    ShowUserForm();      //显示相应用户的主窗体
    this.Visible = false;   //将当前窗体隐藏
}
```

（5）使管理员主窗体的状态栏中显示当前登录的用户名，因此我们处理管理员窗体的 Load 事件，当窗体加载时，从 UseHelper 类中读取用户名，设置状态栏标签的 Text 属性。选中管理员主窗体，在"属性"窗口中找到 Load 事件，生成 Load 事件的处理方法，代码如下：

```
private void AdminForm_Load(object sender, EventArgs e)
{
    this.slblAdmin.Text =UserHelper.loginType + "-" + UserHelper.loginId;
}
```

现在，我们以 MySchoolAdmin 用户，选择管理员类型登录，登录后的窗体如图 6-8 所示。图中，在状态栏中显示了"管理员-MySchoolAdmin"。

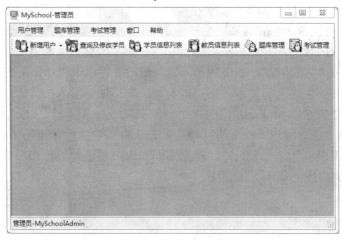

图 6-8　管理员用户成功登录后效果

▶ 归纳总结

　　窗口有两种显示模式：模式窗口和非模式窗口。显示模式窗口可使用 ShowDialog()方

法，显示非模式窗口可使用 Show()方法。

为了实现在窗体间的传递数据，需要新建 UserHelper 类，在类中创建两个静态成员来分别存放登录的用户名和登录类型。在登录验证成功后，将用户名和登录类型进行保存，登录成功后，在主界面可将用户名和登录类型取出。

实训练习 6

一、选择题

1. 图片框(PictureBox)用以实现在 Windows 应用程序中显示图片信息，下列(　　)属性用以设置图片框控件中显示的图片。 (选择两项)

  A．SizeMode   B．Image   C．BorderStyle   D．ImageLocation

2. 以下(　　)属性用来设置定时器两次 Tick 事件发生的时间间隔，以毫秒为单位。

                        (选择一项)

  A．Interval   B．Enabled   C．Start   D．Stop

3. 用以打开模式窗体的方法为(　　)。 (选择一项)

  A．Open( )   B．Show( )   C．ShowDialog( )   D．StartForm( )

4. 当应用程序中需要选择性别时常常会使用(　　)控件。 (选择一项)

  A．TextBox   B．ListView   C．RadioButton   D．CheckBox

二、实训操作题

1. 创建用户注册界面，要求用户输入以下信息：用户名、密码、性别、地址、电话、照片，当用户输入完毕后，要求检查用户输入字符的合法性。若输入信息不符合要求，应给出对应的提示。

2. 编写窗体，实现猜数游戏。要求在窗体中添加一个字段，保存猜数游戏的谜底。在窗体的 Load 事件中用 Random 对象产生一个 100 以内的整数作为谜底，游戏者通过窗体中的文本框输入所猜的数字，并单击按钮提交输入。如果所猜数字和谜底相等，则提示猜中并询问游戏者是否再继续游戏；如果猜错，则向游戏者提示未猜中，并显示尝试次数。

  注意　在文本框中输入的文本是字符串类型，如果要将输入的文本转换成整数，则使用 Convert.ToInt32 方法或 int.Parse、int.TryParse 方法。

3. 将上节的"超市管理系统"进行功能扩充，将用户角色分为超市主管、部门经理、和收银员等多种用户角色，在登录时，根据不同的用户角色，进行相应的用户身份验证，验证通过后，转到对应的功能模块界面。

第三部分 ADO.NET 实现数据库应用程序的开发

📖 内容摘要

开发一个大型的企业级应用程序，不可避免地会使用到数据库。在 .NET 平台中，Microsoft 专门为我们提供了数据库操作对象，那就是 ADO.NET。

ADO.NET 的名称起源于 ADO(ActiveX Data Objects)，用于在以往的 Microsoft 技术中访问数据。之所以使用 ADO.NET 命名，是因为 Microsoft 希望表明，这是在 .NET 编程环境中优先使用的数据访问接口。

ADO.NET 是一组用于和数据源进行交互的面向对象类库。通常情况下，数据源是数据库，但它同样也能够是文本文件、Excel 表格或者 XML 文件。

ADO.NET 允许和不同类型的数据源以及数据库进行交互，然而并没有与此相关的一系列类来完成这样的工作。因为不同的数据源采用不同的协议，所以对于不同的数据源必须采用相应的协议。一些老式的数据源使用 ODBC 协议，许多新的数据源使用 OleDb 协议，并且现在还不断出现更多的数据源，这些数据源都可以通过 .NET 的 ADO.NET 类库来进行连接。

本部分主要讲解 ADO.NET 操作数据的核心对象，以及如何使用这些核心对象包含的重要方法及属性，通过对数据库操作对象的学习，我们将实现"高校学生管理系统"的具体功能。

📖 学习目标

(1) 了解 ADO.NET 及其组成部分。

(2) 了解 ADO.NET 的 4 个核心对象的相关方法及属性。

(3) 掌握创建数据库连接的方法。

(4) 了解异常处理的方法。

(5) 掌握使用 Command 对象实现对表中记录的增、删、改、查操作。

(6) 掌握 .NET 平台上常见高级控件的使用方法。

(7) 掌握 DataSet 对象的使用方法。

(8) 了解应用程序的部署。

(9) 了解应用程序的一般开发流程。

单元 7 使用 ADO.NET 实现数据库访问

任务 7.1 ADO.NET 核心对象简介

▶ 任务描述

目前，大多数应用程序都离不开数据库的支持，都需要对数据进行操作。其实，在我们的日常生活和工作中也经常接触到一些这样的 Windows 和 Web 系统,比如超市收银系统,当我们购物完成，需要结账时，收银员只需刷一下商品的条码，收银系统就能根据条码从系统数据库中读出该商品的价格，从而快速地计算出我们购买商品的总价格。又如在登录网上邮箱时，当我们输入用户名和密码后，系统就会进入数据库的表中查找有没有与之匹配的数据，若有则登录成功，否则就会有对应的错误提示。可见，如果没有数据库技术的支持，收银员在计算大量商品价格时就会很缓慢，而网络邮箱也无法记住海量的用户信息。ADO.NET 就是实现数据库访问的一种技术。

本节首先回顾有关数据库的一些基本概念和常用的 SQL 语句，并且介绍本书开发的 MySchool 系统需要的数据库表结构；然后了解 ADO.NET 的相关术语和常用对象。

▶ 预备知识

要实现对 ADO.NET 的灵活操作，首先必须熟练掌握数据库的相关概念、SQL 语言以及存储过程等数据库基础知识。数据库是长期存储在计算机内的有组织的可共享的数据集合。数据库不仅具有固定的格式与特征，而且可以以表格的形式来存储、记录，具有自动化管理、快速查询及统计等优点。

7.1.1 关系数据库简介

数据库系统的发展主要经历了三个阶段：网状数据库、层次数据库和关系数据库。关系数据模型是当前的主导数据模型，如 Access、SQL Server、Oracle、DB2 等。

1. 关系数据库定义

关系数据库是一些相关的表和其他数据库对象的集合,其含义可以解释为以下 3 个方面：

(1) 在关系数据库中，信息被存放在二维表(table)中，一个关系数据库中可以包含多个数据表，每个表又包含行(记录)和列(字段)。

(2) 数据表之间是相互关联的，通过主键和外键实现。

(3) 数据库中除了包含数据表之外，还包含有其他数据库对象，如视图、存储过程等。

2．主键和外键

主键(Primary Key，PK)是指数据表中的某一列，该列的值能唯一地标识一条记录(一行)。如学生信息表中的"学号"可以唯一地标识一个学生，而姓名则不行，因为可能存在多个学生叫同一个名字的情况。主键的主要功能是实现数据的实体完整性，即主键的取值必须唯一，且不能为空。

外键(Foreign Key，FK)是指表 B 中含有与另一个表 A 的主键相对应的列组，那么在表 B 中该列称为外键。外键的功能主要是实现参照完整性。当使用外键时，要保证外键和主键具有相同的数据类型和长度，名字相同。创建外键的优点如下：

(1) 实现表之间的关联。

(2) 根据主键列的值来检查外键列的值的合法性。

【例 7-1】　数据库示例。

"学员选课系统"需要 3 个数据表如下：

学员信息表(学号，姓名，性别，系部，出生日期)。

课程信息表(课程号，课程名，学时)。

成绩表(学号，课程号，成绩)。

7.1.2　常用 SQL 语句

SQL(Structured Query Language)即"结构化查询语言"，是通用的关系数据库语言，使用其可以方便地实现对数据库中数据的查找、新增、更新和删除。SQL 语言对数据的操作分为数据查询操作、数据插入操作、数据更新操作和数据删除操作 4 种。

1．数据查询操作

数据查询主要用于从表中查询满足条件的记录，语法格式为

SELECT　[ALL|DISTINCT]　字段 1,字段 2,…

FROM　表或视图

[WHERE <筛选条件>]

[GROUP BY <字段名>　　[HAVING <条件表达式>]]

[ORDER BY<字段名>[ASC|DESC]]

说明

(1) SELECT 语句和 FROM 语句是必需的，方括号中的语句是可选的。

(2) SELECT 关键字后面的字段名指明要在查询后显示的列，各字段之间用逗号隔开。若要查询表中的所有字段可使用"SELECT　*"。

(3) [ALL|DISTINCT]中 DISTINCT 表示不会显示查询结果中的重复行，ALL 则显示重复行。

(4) GROUP BY 短语用来将结果按指定的字段分组，如果带 HAVING 表达式，则只有满足表达式条件的才能输出。

(5) ORDER BY 短语用来按指定字段排序，ASC 为升序，DESC 为降序。

假设有一个"学员选课系统"，其中有学员信息表(StudentInfo)、课程信息表(CourseInfo)和学员成绩表(StudentScore)，3 个表的表结构和表数据分别如表 7-1～表 7-6 所示。

表 7-1 学员信息表(StudentInfo)表结构

序号	字段名	字段说明	类型及位数	备注
1	STUNO	学号	CHAR(10)	主键
2	STUNAME	学员姓名	VARCHAR(20)	
3	SEX	性别	CHAR(2)	
4	BIRTHDAY	生日	DATETIME	
5	HOME	籍贯	VARCHAR(300)	
6	DEPARTMENT	所在系部	VARCHAR(50)	

表 7-2 学员信息表(StudentInfo)部分表数据

STUNO	STUNAME	SEX	BIRTHDAY	HOME	DEPARTMENT
3211010201	刘 婷	女	1991-01-05	河南商丘	信息工程学院
3211010202	韩 磊	男	1990-12-10	山东东营	信息工程学院
3211010203	李明洋	男	1991-06-17	安徽阜阳	信息工程学院
3211010301	章国栋	男	1991-10-15	山西运城	机电工程学院
3211010302	王文英	女	1992-04-23	河南郑州	机电工程学院
3211010303	李欢欢	女	1991-05-12	山东青岛	机电工程学院

表 7-3 课程信息表(CourseInfo)表结构

序号	字段名	字段说明	类型及位数	备注
1	COURSENO	课程号	CHAR(6)	主键
2	COURSENAME	课程名	VARCHAR(30)	
3	CLASSTIME	学时	INT	
4	CREDIT	学分	INT	
5	TEACHER	授课教员	VARCHAR(20)	

表 7-4 课程信息表(CourseInfo)部分表数据

COURSENO	COURSENAME	CLASSTIME	CREDIT	TEACHER
010101	现代心理学	32	1	张 林
010102	职场营销策略	32	2	李 可
020101	中华上下五千年	64	2	张晓云
020102	《红楼梦》鉴赏	32	1	刘心武

表 7-5 学员成绩表(StudentScore)表结构

序号	字段名	字段说明	类型及位数	备注
1	STUNO	学号	CHAR(10)	外键
2	COURSENO	课程号	CHAR(6)	外键
3	SCORE	分数	INT	

表 7-6 学员成绩表(StudentScore)部分表数据

STUNO	COURSENO	SCORE
3211010201	010101	78
3211010201	020101	89
3211010202	010102	81
3211010301	010101	96

【例 7-2】 查询选修了"现代心理学"课程并且成绩在 90 分以上的学员学号。

    SELECT stuNo FROM StudentScore WHERE courseNo='010101'

查询结果为

    3211010301

【例 7-3】 查询所有姓"刘"或姓"李"的学员信息。

    SELECT * FROM StudentInfo WHERE stuName LIKE '刘%' OR stuName LIKE '李%'

查询结果如表 7-7 所示。

表 7-7 查 询 结 果

STUNO	STUNAME	SEX	BIRTHDAY	HOME	DEPARTMENT
3211010201	刘 婷	女	1991-01-05	河南商丘	信息工程学院
3211010203	李明洋	男	1991-06-17	安徽阜阳	信息工程学院
3211010303	李欢欢	女	1991-05-12	山东青岛	机电工程学院

【例 7-4】 查询"女"学员人数。

    SELECT COUNT(*) FROM StudentInfo WHERE sex= '女'

查询结果为

    3

【例 7-5】 查询选修了"现代心理学"课程的学员学号、姓名、系部及分数。

    SELECT S.stuNo,S.stuName, C.courseName, S.department, SC.score FROM StudentInfo S, CourseInfo C, StudentScore SC WHERE S.stuNo=SC.stuNo AND C.courseNo=SC.courseNo AND C.courseName='现代心理学'

查询结果如表 7-8 所示。

表 7-8 查 询 结 果

STUNO	STUNAME	COURSENAME	DEPARTMENT	SCORE
3211010201	刘 婷	现代心理学	计算机系	78
3211010201	章国栋	现代心理学	机电工程学院	96

2. 数据插入操作

数据插入操作主要用于向表中添加数据。语法格式为

    INSERT INTO <表名>[(<字段 1>[,<字段 2>,…])]
    VALUES (<表达式 1>[,<表达式 2>,…])

说明

(1) 当向一条记录的所有字段添加数据时，表名后的字段可以省略，但是插入数据的具体值的数据类型、长度和先后顺序必须和表结构里面的一致。若只是插入某些字段，则必须列出插入字段对应的字段名。

(2) VALUES 语句后的各个表达式的值即为插入的具体值。各表达式值的类型、长度和先后顺序必须与指定的字段保持一致。

【例 7-6】 向学员信息表中插入一条学员记录。

INSERT INTO　StudentInfo VALUES ('3211010205', '张淼', '女', '1992-11-03', '河南洛阳', '信息工程学院')

【例 7-7】 向学员信息表中插入一条学员记录，只包含学员学号、姓名、性别和所在系部。

INSERT INTO　StudentInfo(stuNo,stuName,sex,department)VALUES ('3211010206', '张月利', '女', '信息工程学院')

3．数据更新操作

数据更新操作用于修改数据表中的一条或多条记录。语法格式如下：

UPDATE <表名>
SET <字段名 1>=<表达式 1>[,<字段名 1>=<表达式 1>…]
[WHERE <条件表达式>]

说明

(1) 通过 SET 语句可以用表达式值取代指定字段原有的值。

(2) WHERE 语句用于限定符合更新条件的记录，此语句可以没有，若没有则表示更新表中所有记录的指定字段的值。

【例 7-8】 将学员信息表中的学号为"3211010303"学员的性别修改为"男"。

UPDATE StudentInfo SET sex='男' WHERE stuName='3211010303'

【例 7-9】 将学生信息表中所有学员的性别都修改为"男"。

UPDATE StudentInfo SET sex='男'

4．数据删除操作

用于删除数据表中符合条件的一条或多条记录。语法格式为：

DELETE　FROM <表名>
[WHERE <条件表达式>]

【例 7-10】 删除姓名叫"刘婷"的学员信息。

DELETE FROM StudentInfo WHERE 姓名='刘婷'

▶ **任务实施**

任务 7-1 ADO.NET 简介。

1．ADO.NET 概述

ADO.NET 是 .NET 中一组用于和数据源进行交互的面向对象类库，提供了数据访问的高层接口。ADO.NET 允许和不同类型的数据源和数据库进行交互,数据源既可以是数据库,也可以是文本文件、Excel 表格或者 XML 文件。

　　ADO.NET 类最重要的优点是支持数据库以断开连接的方式工作,即 ADO.NET 可以操作非连接的数据,这就意味着应用程序和数据源的连接会变少,服务器端的负载也会得以减轻。

　　ADO.NET 类库在 System.Data 命名空间内,根据访问数据库的不同,System.Data 命名空间被划分为 4 个数据库客户命名空间:System.Data.SqlClient、System.Data.Oracle、System.Data.Odbc、System.Data.OleDb,它们分别用于与 SqlServer、Oracle、ODBC 和 OLEDB 数据源进行交互。本书主要使用 Microsoft SqlServer2008 数据库进行应用程序的开发,因而在以后的章节中我们都使用 System.Data.SqlClient 命名空间。

2．ADO.NET 核心组件

　　ADO.NET 主要通过两个核心组件来完成对数据库的操作,分别是 DataSet 和 .NET 数据提供程序。前者是 ADO.NET 的断开式结构的核心组件;后者是专门为直接访问数据库,对其进行快速的只进、只读访问数据等数据处理而设计的组件,包含 Connection、Command、DataReader 和 DataAdapter 对象 。图 7-1 是利用 ADO.NET 操作数据库的简单示意图。

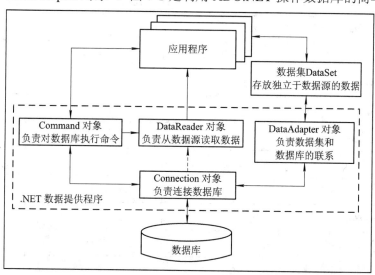

图 7-1　利用 ADO.NET 操作数据库的简单示意图

3．ADO.NET 常用对象

　　ADO.NET 对象模型中常用的对象有 Connection 对象、Command 对象、DataReader 对象、DataAdapter 对象、DataSet 对象。其功能如表 7-9 所示。

表 7-9　ADO.NET 中常用对象

对象名	功　能　描　述
Connection	与特定的数据源连接
Command	操作数据源中的数据
DataReader	从数据源中读取中只读向前的数据流
DataAdapter	实现数据源与 DataSet 之间交换数据
DataSet	数据在内存中的表现形式,实现与数据源的断开式访问

▶ 知识拓展

针对前面已经介绍的"高校学生管理系统"，下面将对实现应用程序所需要的数据库 MySchool 中主要的数据表的表结构介绍如下：

(1) 学员信息表(Student)，主要用于存储有关学员的各项信息，其表结构如表 7-10 所示。

表 7-10　学员信息表表结构

序号	字段名	字段说明	类型及位数	备注
1	StudentID	序号	int	主键，自增列
2	LoginId	登录账户	varchar(50)	非空
3	LoginPwd	登录密码	varchar(50)	非空
4	ClassID	班级编号	int	非空
5	StudentNO	学号	nvarchar(255)	非空
6	StudentName	学员姓名	nvarchar(255)	非空
7	Sex	性别	nvarchar(255)	非空
8	StudentIDNO	身份证	nvarchar(255)	
9	Major	专业	nvarchar(255)	
10	SchoolBefor	学校	nvarchar(255)	
11	Phone	电话号码	nvarchar(255)	
12	Address	地址	nvarchar(255)	
13	PostalCode	邮编	float	
14	CityWanted	想去的城市	nvarchar(255)	
15	JobWanted	想从事的工作	nvarchar(255)	
16	Comment	备注	nvarchar(255)	
17	Email	电子邮件	nvarchar(50)	

(2) 管理员信息表(Admin)，用于存储有关管理员的信息，该表结构如表 7-11 所示。

表 7-11　管理员信息表表结构

序号	字段名	字段说明	类型及位数	备注
1	AdminID	序号	int	主键，自增列
2	LoginId	登录账号	varchar(50)	非空
3	LoginPwd	登录密码	varchar(50)	非空
4	AdminName	管理员姓名	varchar(50)	
5	Sex	性别	varchar(50)	

3. 教员信息表(Teacher)，用于存储教员的基本信息，其表结构如表 7-12 所示。

表 7-12　教员信息表表结构

序号	字段名	字段说明	类型及位数	备　注
1	TeachID	序号	int	主键，自增列
2	LoginId	登录账号	varchar(50)	非空
3	LoginPwd	登录密码	varchar(50)	非空
4	TeacherName	教员姓名	varchar(50)	非空
5	Sex	性别	char(2)	
6	Birthday	出生日期	datetime	

▶ **归纳总结**

在本节中，首先回顾了关系数据库及数据库常用的 SQL 语句，然后向大家讲解了 ADO.NET 核心组件与常用对象，最后对本书开发的"高校学生管理系统"所需要的数据库中的表结构进行了说明。

任务 7.2　"高校学生管理系统"数据库连接实现

▶ **任务描述**

在我们操作数据库之前，首先要做得就是与数据库创建连接。连接数据库需要使用 Connection 对象，本节主要介绍该对象的常用属性和方法，理解使用该对象进行数据库连接的方法。要求实现与任务 7.1 中创建的"高校学生管理系统"数据库的连接。

▶ **预备知识**

不同的数据库提供程序有不同的数据库连接类，具体如表 7-13 所示。

表 7-13　.NET Frmework 数据提供程序及相应的连接类

数据提供程序	连接类	命名空间
SQL Server	SqlConnection	System.Data.SqlClient
OLEDB	OleDbConnection	System.Data.OleDb
ODBC	OdbcConnection	System.Data.Odbc
Oracle	OracleConnection	System.Data.OracleClient

具体使用哪个连接类，要看我们使用的是什么类型的数据库。本书示例及应用程序都使用 SQL Server 2008 数据库提供程序，因而使用 SqlConnection 类。

7.2.1　SqlConnection 对象常用属性

SqlConnection 对象常用属性如表 7-14 所示。

表 7-14　SqlConnection 对象常用属性

属性名	说　　明
ConnectionString	获取或设置用于打开 SQL Server 数据库的字符串
ConnectionTimeout	获取在尝试建立连接时终止尝试并生成错误之前所等待的时间
DataSource	获取要连接的 SQL Server 实例的名称
State	获取连接的当前状态

ConnectionString 属性所要求的字符串必须是一个规范化的符合语法要求的字符串。其内容是由多个被分号分开的"参数名=参数值"组成的。常用的参数名及含义如表 7-15 所示。

表 7-15　ConnectionString 属性字符串常用参数表

名　　称	说　　明
DataSource/Server	要连接的 SQL Server 实例的名称或网络地址
Initial Catalog/DataBase	要连接的数据库的名称
Trusted_Connection /Integrated Security	取值为 false 时，将在连接中指定用户 ID 和密码；取值为 true 时，将使用当前的 Windows 账户凭据进行身份验证。 可识别的值有 true、false、yes、no 以及与 true 等效的 SSPI
Password/Pwd	SQL Server 账户登录密码
User/Uid	SQL Server 登录账号

例如，要与我们开发的 MySchool 系统需要的数据库 MySchool 进行连接，假设数据库放在本地计算机，则建立连接的连接字符串为

"Data Source=(local)/.; DataBase=MySchool; integrated Security=true"

若数据连接字符串中的数据库服务器名称中有转义字符"/"，则应在连接字符串前加"@"符号，或者在转义字符"/"后再加一个"/"。

7.2.2　SqlConnection 常用方法

SqlConnection 对象常用方法如表 7-16 所示。

表 7-16　SqlConnection 对象常用方法

方法名	说　　明
Close	关闭与数据库的连接
Open	使用 ConnectionString 所指定的设置打开与数据库连接

在 ADO.NET 中，创建与数据库的连接并且操作完数据库后，必须显式地关闭与数据库的连接。也就是说，必须调用 Connection 对象的 Close 方法关闭连接。

7.2.3　DBHelper 类

为了实现与"高校学生管理系统"数据库的连接，我们在项目中添加 DBHelper 类，在该类中创建了与数据库的 SqlConnection 对象 connection，并且声明为静态(static)的，因而在今后调用到该对象时，使用"类名.对象名"(即 DBHelper.connection)即可。

DBHelper 类代码如下：

```
using System;
    ⋮
namespace MySchool
{   /// <summary>
    ///此类维护数据库连接字符串和 Connection  对象
    /// </summary>
    class DBHelper
    {
        //数据库连接字符串
        private static string connString = "Data Source=.;Initial Catalog=MySchool;User ID=sa; Pwd=123";
        //数据库连接 Connection 对象
        public static SqlConnection connection = new SqlConnection(connString);
    }
}
```

▶ 任务实施

任务 7-2　*数据库的连接与关闭。*

下面通过一个简单的 Windows 应用程序演示数据库连接与关闭。

【例 7-11】　在窗体上添加一个按钮，当单击按钮时，如果数据库连接状态处于关闭状态，则弹出对话框提示数据库没有连接上；然后打开数据库连接，给出相应提示；再关闭连接，给出相应提示。

```
using System;
    ⋮
namespace ConnectionExample
{
    public partial class Form1 : Form
    {
        public Form1()
        {
            InitializeComponent();
        }

        private void btnTest_Click(object sender, EventArgs e)
        {
            //创建Connection对象
            SqlConnection conn = new SqlConnection();
            //创建连接字符串
            conn.ConnectionString = "data source=.;initial catalog=MySchool;integrated security=true;";
```

```
//如果数据库的连接状态是关闭的，则先打开连接
if (conn.State == ConnectionState.Closed)
{
    MessageBox.Show("数据库尚未连接，请连接");
    //打开连接
    conn.Open();
    MessageBox.Show("数据库已连接成功！");
    //关闭连接
    conn.Close();
    MessageBox.Show("数据库连接已关闭！");
}
else
{
    MessageBox.Show("数据库处于连接状态！");
}
    }
}
```

运行程序，显示结果如图 7-2～图 7-4 所示。

图 7-2 数据库未连接时弹出的消息框

图 7-3 数据库连接成功后弹出的消息框

图 7-4 数据库关闭成功后弹出的消息框

▶ **知识拓展**

创建数据库连接一般需要经历以下几个步骤：

(1) 引入命名空间。

本书使用 SQL Server2008 数据库，因而引入命名空间语句如下：

　　using System.Data.SqlClient;

(2) 定义连接字符串。

例如前面已介绍的数据库连接示例：

　　string connString= "Server=(local)/.; DataBase=MySchool; uid=sa;pwd=123;";

(3) 创建 Connection 对象。

　　SqlConnection conn=new SqlConnection(connString);

步骤(1)和(2)可以调换，比如

　　SqlConnection conn=new SqlConnection();

　　conn.ConnectionString= "Server =(local)/.; DataBase=MySchool; uid=sa;pwd=123;";

也可以将步骤(1)和(2)合并为一步，比如

　　SqlConnection conn=new SqlConnection("Server =(local)/.; DataBase=MySchool;

　　　　　　　　　　　　　　　　　　uid=sa;pwd=123;");

(4) 打开数据库连接。

使用创建的 SqlConnection 对象，调用其 Open 方法，打开数据库，语句为

　　conn.Open();

(5) 对数据库进行操作。

使用各种数据库操作方法，对数据库进行各种查找、新增、修改或删除操作。各种操作方法将在后续内容中进行介绍。

(6) 关闭数据库连接。

　　conn.Close();

▶ 归纳总结

在本节中，主要介绍 ADO.NET 常用对象中的 Connection 对象的常用属性和方法，该对象是学习数据库编程的第一步，通过示例练习，应能够灵活掌握各种数据库连接方式。

任务 7.3　"高校学生管理系统" 数据打开时的异常处理

▶ 任务描述

在我们开发程序的过程中，总是会不可避免地遇到这样或那样的错误，优秀的程序员并不是不出现错误，而是能够找出错误并更正它们，或者预知可能出现的错误或异常，并运用相应的技术进行处理。对于开发人员来说，了解常见的错误类型，理解并能运用 C# 语言的错误处理机制，是必备的程序设计技能。本节主要介绍程序中常见的错误类型和错误处理机制，然后介绍解决本书开发的"高校学生管理系统"在打开数据库时的异常处理方法。

▶ 预备知识

7.3.1　程序错误类型

C# 应用程序开发过程中，根据错误产生的原因，通常将代码中的错误(Bugs)分为 3 类：语法错误、运行时错误、逻辑错误。

1．语法错误

语法错误是指在程序代码中输入了不符合 C#语法规则的语句而产生的错误。如数据类型不匹配、变量未定义、函数未定义、输入了非法的标点符号等。对于这类错误，Visual Studio.NET 开发工具提供了自动检查功能。对于出现错误的地方，Visual Studio.NET 会在相应的语句下面出现蓝色的波浪线。把鼠标放在有波浪线的地方，系统会自动显示一个提示框，如图 7-5 所示，提示错误出现的原因。另外，对于有语法错误的程序，如果直接调试的话，系统会在"错误列表"窗口给出错误信息，并告知错误的代码行及出现错误原因。如图 7-5 所示。在"错误列表"窗口中用鼠标双击出现错误的行，系统会自动将光标定位在出错的代码行上。

图 7-5　语法错误示例

2．运行时错误

运行时错误是指在没有语法错误的前提下，程序在运行期间产生的错误。如数组下标越界、除数为 0、打开一个不存在的文件、数据库未打开等。

有如下代码：

```
static void Main(string[] args)
{
    int[] a=new []{1,2,3};
    int n = a[3];
    Console.ReadKey();
}
```

对该程序进行调试后，程序将弹出如图 7-6 所示的错误提示窗口，并给出错误原因的提示，出现错误的代码行以高亮黄色显示。

图 7-6　运行时错误示例

3. 逻辑错误

逻辑错误是指程序能够正常运行，但是不能达到预期的效果。比如计算结果不正确、数据不能正常写入数据库等功能上的错误。这类错误产生的原因主要是算法设计不正确。程序员只能凭借经验，通过测试应用程序和运行结果来找到错误。

如下面的程序：

```
static void Main(string[] args)
{
    int n = 1,sum=0;
    while (n < 100)
    {
        sum = sum + n;
    }
    Console.WriteLine("1 到 100 之间自然数的和为 a： "+sum);
    Console.ReadKey();
}
```

该程序既没有语法错误，运行期间也没有错误，但是程序却永远也得不到结果，因为

while 条件 n < 100 一直成立，永远跳不出循环，也即程序陷入死循环，这就属于逻辑错误。

7.3.2　异常处理

在程序运行期间出现的错误，会中断或干扰程序的正常流程。而这部分错误有时候是可以预测的，C#语言也提供了处理这种错误的机制，称为异常处理。当程序运行期间发生错误时，异常处理机制就能捕获错误并创建异常对象，执行异常处理代码，使得应用程序能够继续正常运行。

.NET 提供了大量预定义的异常对象，为了在应用程序的代码中使用它们捕获和处理错误，C#提供了 try…catch…finally 语句，程序员只用将程序代码的相关部分分成 3 种不同的类型，分别放置于 try 语句块、catch 语句块和 finally 语句块就可以了。

语法格式为

```
try
{
    //可能出现异常的代码
}
catch(异常类)
{
    //处理异常的代码
}
finally
{
    //清理资源工作，此部分可不写
}
```

说明

(1) 把实现程序正常功能并且可能出现异常的代码放在 try 语句块中。

(2) 如果在运行期间出现了异常，程序就会跳转到 catch 语句块。

(3) 如果不出现异常，try 语句块中的代码就会正常执行，catch 语句块就不会被执行。

(4) 一个程序中的 catch 语句块可以有多个。

(5) 无论是否发生异常，如果程序包含有 finally 语句块，则其一定会被执行。

▶ **任务实施**

任务 7-3　"高校学生管理系统"数据库打开时的异常处理。

【例 7-12】演示在连接数据库时的异常处理。

具体代码如下：

```
using System;
    ⋮
namespace ConnectionExample
```

```
    {
        public partial class Form1 : Form
        {
            public Form1()
            {
                InitializeComponent();
            }
            private void btnExpTest_Click(object sender, EventArgs e)
            {
                //创建 Connection 对象
                SqlConnection conn = new SqlConnection();
                //创建连接字符串
                conn.ConnectionString = "server=.;database=MySchool;uid=sa;pwd=123;";
                try
                {
                    if (conn.State == ConnectionState.Open)
                    {
                        MessageBox.Show("数据库连接，可以对其进行操作了！");
                    }
                }
                catch (Exception ex)
                {
                    MessageBox.Show("数据库连接出现异常！" + ex.Message);
                }
            }
        }
    }
```

▶ 知识拓展

1. 有关异常类

(1) Exception 是所有异常类的基类。

(2) 与参数有关的异常类。

此类异常类均派生于 SystemException，用于处理方法成员传递参数时发生的异常。

① ArgumentException 类：该类用于处理参数无效的异常，除了继承来的属性名，此类还提供了 string 类型的属性 ParamName，以表示引发异常的参数名称。

② FormatException 类：该类用于处理参数格式错误的异常。

(3) 与成员访问有关的异常。

MemberAccessException 类：该类用于处理访问类的成员失败时所引发的异常。失败的原因可能是没有足够的访问权限，也可能是要访问的成员根本不存在(类与类之间调用时常用)。

① MemberAccessException 类的直接派生类。

② FileAccessException 类：该类用于处理访问字段成员失败所引发的异常。

③ MethodAccessException 类：该类用于处理访问方法成员失败所引发的异常。

④ MissingMemberException 类：该类用于处理成员不存在时所引发的异常。

(4) 与数组有关的异常。

以下 3 个类均继承于 SystemException 类。

① IndexOutOfException 类：该类用于处理下标超出了数组长度所引发的异常。

② ArrayTypeMismatchException 类：该类用于处理在数组中存储数据类型不正确的元素所引发的异常。

③ RankException 类：该类用于处理维数错误所引发的异常。

(5) 与算术有关的异常。

ArithmeticException 类：该类用于处理与算术有关的异常。

① ArithmeticException 类的派生类。

② DivideByZeroException 类：表示整数或十进制运算中试图除以零而引发的异常。

③ NotFiniteNumberException 类：表示浮点数运算中出现无穷或者非负值时所引发的异常。

2．异常处理的原则

(1) 不要对常见的错误使用异常处理，尽量使用判断结构来处理这些错误，如 if 语句等。

(2) 不要为流程的正常控制使用异常。

(3) 当引发异常时，应该提供有意义的异常信息。

(4) 当有多个 catch 语句块时，处理顺序应当从特殊异常到一般异常。

【例 7-13】 异常处理举例。

```
static void Main(string[] args)
{
    int num1 = 9, num2=0,result = 0;
    try
    {
        Console.WriteLine("请输入除数：");
        num2 = int.Parse(Console.ReadLine());
        result = num1 / num2;
    }
    catch (FormatException fE)              //特殊异常，输入格式错误，比如输入非数字格式
    {
        Console.WriteLine(fE.Message.ToString());
    }
    catch (DivideByZeroException dzE)       //特殊异常，除数为 0
```

```
        {
            Console.WriteLine(dzE.Message.ToString());
        }
        catch (ArithmeticException arE)      //一般异常，数学错误异常
        {
            Console.WriteLine(arE.Message.ToString());
        }
        catch (Exception ex)                 //一般异常，所有可能出现的异常
        {
            Console.WriteLine(ex.Message.ToString());
        }
        finally
        {
            num2 = 0;
        }
        Console.WriteLine("result={0}", result);
        Console.ReadLine();
    }
```

▶ 归纳总结

在本节中，主要介绍了 C# 程序开发中经常遇到的程序错误和异常处理方法，这些都是作为一个程序员必备的技能，因而在开发中要有意识地预测可能发生的运行时错误，并能够使用相应的异常处理机制，对特定的代码段进行异常处理，保障程序的正常执行。在后续介绍实现"高校学生管理系统"的各部分功能时，都会使用到异常处理机制，以保证应用程序的健壮性。

任务 7.4　Command 对象简介

▶ 任务描述

前面我们已经介绍了如何与数据库建立连接，在建立连接之后就要去操作数据库，如查询数据、新增数据、更新数据或删除数据等，所有这些操作的完成都需要有 Command 对象的支持。本节将介绍该对象的使用。

▶ 预备知识

与 Connection 对象一样，Command 对象属于 .NET Framwork 数据提供程序，不同的数据提供程序都有自己的 Command 对象，不同的数据库提供程序有不同的数据库连接类，

如表 7-17 所示。

表 7-17 .NET Frmework 数据提供程序及相应的 Command 类

数据提供程序	连接类	命名空间
SQL Server	SqlCommand	System.Data.SqlClient
OLEDB	OleDbCommand	System.Data.OleDb
ODBC	OdbcCommand	System.Data.Odbc
Oracle	OracleCommand	System.Data.OracleClient

具体使用哪个连接类要看我们使用的是什么类型的数据库，本书中的示例及应用程序都使用 SQL Server 2008 数据库提供程序，因而使用 SqlCommand 类。

7.4.1 Command 对象常用属性

Command 对象常用属性如表 7-18 所示。

表 7-18 Command 对象常用属性

属性名	说　　明
Connection	获取或设置使用的数据库连接对象
CommandType	定义要执行的命令类型，可以使 SQL 语句或存储过程。其取值为 Text，表明执行 SQL 语句；取值为 StoredProcedure，表明调用存储过程
CommandText	执行的命令名称。其与 CommandType 的取值有关，当 CommandType 取值为 Text 时，该属性的值为要执行的 SQL 语句；当 CommandType 取值为 StoredProcedure，该属性的值为要调用的存储过程的名称
Parameters	用于记录命令中的参数信息

7.4.2 Command 对象常用方法

Command 对象常用方法如表 7-19 所示。

表 7-19 Command 对象常用方法

方法名	说　　明
ExecuteNonQuery	执行命令，但不返回结果，返回受影响的行数
ExecuteReader	返回一个 DataReader 对象
ExecuteScalar	执行 select 语句，返回查询结果的第一行第一列

▶ **任务实施**

任务 7-4 Command 对象的使用。

根据前面介绍的 Command 对象的常用属性和方法，下面举一些具体的示例来了解它们的应用。

1．ExecuteNonQuery()方法的使用

该方法执行 SQL 语句或存储过程，返回表中受影响的记录条数。其 SQL 语句或存储过程中的包含的 SQL 语句可以是 Update 语句、Insert 语句或 Delete 语句。

【例 7-14】 ExecuteNonQuery()方法应用举例。

```
using System;
⋮
namespace CommandMethodExample
{
    class Program
    {
        static void Main(string[] args)
        {
            //创建数据库连接对象
            SqlConnection conn=new SqlConnection("server=;database=myschool;integrated security=true;");
            SqlCommand comm = new SqlCommand();          //创建 Command 对象
            comm.Connection = conn;   //设置 command 对象的 Connection 属性
            comm.CommandType = CommandType.Text;   //设置 command 对象的 CommandType 属性
            comm.CommandText = "UPDATE    Student    SET    SchoolBefore = '商丘工学院'
                            WHERE    SchoolBefore = '无' ";   //设置要执行的 SQL 语句
            try
            {
                conn.Open();                      //打开数据库连接
                int i=comm.ExecuteNonQuery();        //执行 SQL 命令返回受影响的行数
                Console.WriteLine("执行更新语句，Student 表中受影响的行数为："+i.ToString());
            }
            catch (Exception ex)
            {
                Console.WriteLine(ex.Message);
            }
            finally
            {
                conn.Close();                     //关闭数据库连接
            }
            Console.ReadLine();
        }
    }
}
```

2．ExecuteScalar()方法的使用

该方法执行 Select 语句，并返回查询结果的第一行第一列。

【例 7-15】　ExecuteScalar()方法应用举例。

```
using System;
    ⁝
namespace CommandMethodExample
{
    class Program
    {
        static void Main(string[] args)
        {
            //创建数据库连接对象
            SqlConnection conn=new SqlConnection("server=;database=myschool;integrated security=true;");
            SqlCommand comm = new SqlCommand();        //创建 Command 对象
            comm.Connection = conn;        //设置 command 对象的 Connection 属性
            comm.CommandType = CommandType.Text;    //设置 command 对象的 CommandType 属性
            comm.CommandText = "select count(*) from student";        //设置要执行的查询语句
            try
            {
                conn.Open();            //打开数据库连接
                //执行 SQL 命令返回第一行第一列
                string stuNum = comm.ExecuteScalar().ToString();
                Console.WriteLine("执行查询语句，第一行第一列为：  "+stuNum);
            }
            catch (Exception ex)
            {
                Console.WriteLine(ex.Message);
            }
            finally
            {
                conn.Close();            //关闭数据库连接
            }
            Console.ReadLine();
        }
    }
}
```

3. ExecuteReader()方法的使用

执行 ExecuteReader()会返回一个 DataReader 对象。下面是一个简单的示例，关于其具体使用我们将放在后面章节介绍。

【例 7-16】　ExecuteReader()方法应用举例。

```
using System;
    ⋮
namespace CommandMethodExample
{
    class Program
    {
        static void Main(string[] args)
        {
            //创建数据库连接对象
            SqlConnection conn=new SqlConnection("server=;database=myschool;integrated security=true;");
            SqlCommand comm = new SqlCommand();        //创建 Command 对象
            comm.Connection = conn;              //设置 command 对象的 Connection 属性
            comm.CommandType = CommandType.Text; //设置 command 对象的 CommandType 属性
            comm.CommandText = "select top 5 studentname,sex,studentidno,major from student ";
                                            //设置要执行的查询语句
            try
            {
                conn.Open();                //打开数据库连接
               //生成 SqlDataReader 对象
                SqlDataReader sdr = comm.ExecuteReader();
                while (sdr.Read())          //读取数据成功
                {
                    Console.WriteLine("\t{0}\t{1}\t{2}",sdr["studentname"],sdr["sex"],sdr["studentidno"],
                            sdr["major"]);
                }
            }
            catch (Exception ex)
            {
                Console.WriteLine(ex.Message);
            }
            finally
            {
                conn.Close();               //关闭数据库连接
            }
            Console.ReadLine();
        }
    }
}
```

说明　在上面 3 个示例的 Main()方法中，从第 2 条语句到第 5 条语句，即

```
SqlCommand comm = new SqlCommand();          //创建 Command 对象
comm.Connection = conn;                       //设置 command 对象的 Connection 属性
comm.CommandType = CommandType.Text; //设置 command 对象的 CommandType 属性
comm.CommandText = "UPDATE    Student SET    SchoolBefore = '商丘工学院'
                    WHERE    SchoolBefore = '无' ";    //设置要执行的 SQL 语句
```

可以用一条语句来代替，即

```
SqlCommand comm = new SqlCommand("UPDATE    Student    SET    SchoolBefore = '商丘工学
院'    WHERE    SchoolBefore = '无' ",conn);
```

▶ **知识拓展**

1. 使用 Command 对象的步骤

(1) 创建数据库连接。

按照前面已介绍的创建数据连接的步骤，创建一个 Connection 对象。

(2) 定义执行的 SQL 语句。

将我们想对数据库执行的 SQL 语句赋给一个字符串。

(3) 创建 Command 对象。

使用已有的 Connection 对象和 SQL 语句字符串创建一个 Command 对象。

(4) 执行 SQL 语句或存储过程。

使用 Command 对象的某个方法执行命令。

2. 使用 Command 对象执行带参数的 SQL 语句

在上面几个示例中，我们使用的都是直接书写完整的 SQL 语句，在应用程序开发中，有时候 SQL 语句需要满足一定的条件，而这些条件可以通过参数的形式传递进 SQL 语句中。下面示例将使用带参数的 SQL 语句进行改造，并说明其使用。

【例 7-17】 使用 Command 对象执行带参数的 SQL 语句应用举例。

```
using System;
   ⋮
namespace CommandMethodExample
{
    class Program
    {
        static void Main(string[] args)
        {
            //创建数据库连接对象
            SqlConnection conn = new SqlConnection("server=.;database=myschool;integrated
                        security=true;");
            SqlCommand comm = new SqlCommand("UPDATE Student SET SchoolBefore =
                        @rightsch    WHERE    SchoolBefore = @errorsch ",conn);
                                            //创建 Command 对象
```

```
        comm.Parameters.Clear();
        comm.Parameters.AddWithValue("@rightsch ", "商丘工学院");
        comm.Parameters.AddWithValue("@errorsch ", "无");
        try
        {
            conn.Open();                    //打开数据库连接
            int i=comm.ExecuteNonQuery();   //执行 SQL 命令返回受影响的行数
            Console.WriteLine("执行更新语句，Student 表中受影响的行数为："+i.ToString());
        }
        catch (Exception ex)
        {
            Console.WriteLine(ex.Message);
        }
        finally
        {
            conn.Close();                   //关闭数据库连接
        }
            Console.ReadLine();
    }
}
```

3. 使用 Command 对象执行存储过程

以上几个示例执行的都是 SQL 语句，而在很多应用程序的开发中，经常会用到高效且功能强的存储过程。下面举一个简单的示例来演示对存储过程执行的方法。

创建一个更新学员之前就读学校的存储过程，代码如下：

```
CREATE PROCEDURE    update_Stu
@rightSch nvarchar(255),
@errorSch nvarchar(255)
AS
BEGIN
update Student
set
SchoolBefore=@rightSch
where
SchoolBefore=@errorSch
END
GO
```

【例 7-18】 使用 Command 对象执行存储过程应用举例。

```
using System;
  ⋮
namespace CommandMethodExample
{
    class Program
    {
        static void Main(string[] args)
        {
            //创建数据库连接对象
            SqlConnection conn = new SqlConnection("server=.;database=myschool;integrated
                            security=true;");
            SqlCommand comm = new SqlCommand();        //创建 Command 对象
            comm.Connection = conn;          //设置 command 对象的 Connection 属性
            //设置 command 对象的执行类型为存储过程
            comm.CommandType = CommandType.StoredProcedure;
            //设置 command 对象执行的存储过程的名字
            comm.CommandText = "update_Stu";
            //为存储过程传递参数
            comm.Parameters.AddWithValue("@rightsch ", "商丘工学院");
            comm.Parameters.AddWithValue("@errorsch ", "无");
            try
            {
                conn.Open();                    //打开数据库连接
                int i=comm.ExecuteNonQuery();   //执行 SQL 命令返回受影响的行数
                Console.WriteLine("执行更新语句，Student 表中受影响的行数为："+i.ToString());
            }
            catch (Exception ex)
            {
                Console.WriteLine(ex.Message);
            }
            finally
            {
                conn.Close();                   //关闭数据库连接
            }
            Console.ReadLine();
        }
    }
}
```

▶ **归纳总结**

　　Command 对象是开发数据库应用程序时非常重要的一个对象，通过本节的介绍，要理解并掌握其不同的创建方法，熟练掌握常用的 3 个方法 ExecuteNonQuery( )、ExecuteScalar( ) 和 ExecuteReader( )的不同功能，能够使用这几个方法实现数据库的增、删、改、查操作。

任务 7.5　实现"高校学生管理系统"的登录功能

▶ **任务描述**

　　为了进入"高校学生管理系统"，用户需要进行登录验证，输入有效的用户名和密码。前面我们已经设计了系统的登录界面，如图 7-7 所示。当用户名或密码有误时，会给出对应的提示，如图 7-8 所示。本节首先使用 Connection 对象连接数据库，然后使用的 Command 对象的 ExecuteScalar()方法来完成登录功能。

　　图 7-7　"高校学生管理系统"用户登录界面　　　　　图 7-8　用户登录失败效果

　　登录时要判断输入的用户名、密码及用户类型是否在对应的数据表中有记录，这可以使用 Command 对象的 ExecuteScalar()方法，执行 Select 语句返回查询结果，然后判断是否有与其条件匹配的记录存在。

▶ **预备知识**

　　在用户打开"高校学生管理系统"的登录界面进行登录时，要进行必要的验证，比如用户名密码是否输入，是否选择了用户类型，若有输入是否输入正确、匹配等。下面将对登录功能及功能实现进行分析。

7.5.1　用户登录功能需求分析

　　(1) 当没有输入户名、密码或没有选择用户类型而直接点击"登录"按钮时，会使用对话框给出对应的提示，提示效果在前面的章节中我们已经介绍，此处不再说明。

(2) 当输入用户名或密码与数据库中的数据不匹配时，提示效果如图 7-8 所示。

7.5.2　用户登录功能实现方法

(1) 实现功能的代码在"登录"按钮的 Click 事件里。

(2) 首先验证是否输入了用户名、密码，是否选择了用户类型，如果有缺项的话，使用对话框给出对应提示，并将光标定位。

(3) 如果输入了用户名、密码，并且选择了用户类型，则根据用户类型，验证用户名和密码是否正确。此功能的实现需要进入数据库中相应的表中，查询是否有与用户输入的用户名、密码和类型相匹配的记录。当用户类型是"管理员"时，则进入管理员信息表(Admin)查找是否有匹配记录；当用户类型是"学员"时，则进入学生信息表(Student)查找是否有匹配记录。

(4) 根据(3)中查找的结果，如果有匹配记录，就打开对应的窗口；否则就提示有户名或密码有误。

▶ 任务实施

任务 7-5　实现"高校学生管理系统"登录界面功能。

根据我们上面的分析，"高校学生管理系统"的登录界面的功能实现的具体步骤如下：

(1) 将验证用户名、密码及是否选择用户类型这部分功能放在一个方法中，命名为 ValidateInput()。该验证分为通过和不通过两种，因而将该方法的返回类型定义为 bool 型，当用户名、密码和用户类型都有输入，则验证通过返回 true；若这三个条件中有一个没有设置，则验证不能通过，返回 false。其主要代码如下：

```
/// <summary>
///验证用户是否进行了输入和选择
/// </summary>
/// <returns>验证通过返回 True，失败返回 False</returns>
private bool ValidateInput()
{    if (txtLogInId.Text.Trim() == "")
    {
        MessageBox.Show("请输入用户名", "输入提示, MessageBoxButtons.OK,
                    MessageBoxIcon.Information);
        txtLogInId.Focus();
        return false;
    }
    else if (txtLogInPwd.Text.Trim() == "")
    {
        MessageBox.Show("请输入密码", "输入提示", MessageBoxButtons.OK,
                    MessageBoxIcon.Information);
```

```
            txtLogInPwd.Focus();
            return false;
        }
        else if (cboLogInType.Text.Trim() == "")
        {       MessageBox.Show("请选择登录类型", "输入提示", MessageBoxButtons.OK,
                            MessageBoxIcon.Information);
            cboLogInType.Focus();
            return false;
        }
        else
        {
            return true;
        }
    }
```

（2）将验证用户名、密码及用户类型是否正确这部分功能放在一个方法里，命名为ValidateUser()。该验证仍然分为通过和不通过两种，因而其返回类型也为 bool，如果用户名、密码和用户类型在对应的表中有记录则验证通过，返回 true；如果找不到对应的记录，则返回 false。另外，该方法需要用户名、密码和用户类型作为方法的参数。

在根据用户名、密码和用户类型在数据表中查询是否有记录时，需要使用 SELECT 语句。然后是在程序中执行查询语句，并判断是否有查询结果，根据已介绍的 Command 对象的常用方法，我们知道 ExecuteScalar()方法可以返回查询结果的第一行第一列，因而就使用该方法。若查询的结果有值，则表明有匹配的记录；否则就没有匹配的记录。

本例中使用的 SELECT 语句如下：

　　SELECT COUNT(*)　　FROM Admin WHERE LogInId='登录账户' AND LogInPwd='登录密码'

如果有匹配记录，则查询结果为 1；否则查询结果为 0。

实现该功能的方法代码如下：

```
//验证的结果有两种情况：通过和不通过，返回值为布尔型
//不通过的原因可能有多种，在方法的参数中增加消息字符串，用以标识不通过的情况
/// <summary>
///验证用户输入的用户名和密码是否正确
/// </summary>
/// <param name="loginType">登录类型</param>
/// <param name="loginId">登录用户名</param>
/// <param name="loginPwd">登录密码</param>
/// <param name="message">验证不通过的提示信息</param>
/// <returns>true：验证通过。false 验证失败</returns>
public bool ValidateUser(string loginType, string loginId, string loginPwd, ref string message)
{       int count = 0;                      //数据库查询的结果
```

```csharp
bool isValidUser = false;            //返回值，是否找到该用户
//查询是否存在匹配的用户名和密码
if (loginType == "管理员")          //判断管理员用户
{
    //查询用 sql 语句
    string sql = string.Format( "SELECT COUNT(*) FROM Admin WHERE LogInId='{0}'
            AND LogInPwd='{1}'", loginId, loginPwd );
    try
    {
        //创建 Command 命令
        SqlCommand command = new SqlCommand(sql, DBHelper.connection);
        DBHelper.connection.Open();                //打开连接
        count = (int)command.ExecuteScalar();      //执行查询语句
        //如果找到 1 个，验证通过，否则是非法用户
        if (count == 1)
        {
            isValidUser = true;
        }
        else
        {
            message = "用户名或密码不存在！";
            isValidUser = false;
        }
    }
    catch (Exception ex)
    {
        message = ex.Message;
        Console.WriteLine(ex.Message);             //出现异常，打印异常消息
    }
    finally
    {
        DBHelper.connection.Close();               //关闭数据库连接
    }
}
else if (loginType == "学员")
{
    //查询用 sql 语句
    string sql = string.Format( "SELECT COUNT(*) FROM Student WHERE LogInId='{0}'
            AND LogInPwd='{1}'",txtLogInId, txtLogInPwd );
```

```
        try
        {
            SqlCommand command = new SqlCommand(sql, DBHelper.connection); //查询命令
            DBHelper.connection.Open();              //打开连接
            count = (int)command.ExecuteScalar();     //执行查询语句
             //如果没有找到，则是非法用户
            if (count == 1)
            {
                isValidUser = true;
            }
            else
            {
                message = "用户名或密码不存在！";
                isValidUser = false;
            }
        }
        catch (Exception ex)
        {
            Console.WriteLine(ex.Message); ;
        }
        finally
        {
            DBHelper.connection.Close();        //关闭数据库连接
        }
    }
    return isValidUser;
}
```

说明 DBHelper 为在任务 7.2 中创建的数据库帮助类。

(3) 因为有不同的用户类型，如果不同类型的人登录成功会打开不同的窗体，因而将登录成功、打开新窗体功能放在一个方法里，命名为 ShowUserForm()。当登录类型为"管理员"，则打开管理员窗体；当登录类型为"学员"和"教员"，则打开其对应的窗体(本实例这两个窗体功能还没有实现)。主要代码如下：

```
/// <summary>
///根据登录类型，显示相应的窗体
/// </summary>
public void ShowUserForm()
{
    switch (cboLogInType.Text)
    {
```

```
            //如果是学员，显示学员窗体
            case "学员":
                MessageBox.Show("抱歉，您请求的功能尚未完成！");
                break;
            //如果是教员，显示教员窗体
            case "教员":
                MessageBox.Show("抱歉，您请求的功能尚未完成！");
                break;
            //如果是管理员，显示管理员窗体
            case "管理员":
                AdminForm adminForm = new AdminForm();
                adminForm.Show();
                break;
            default:
                MessageBox.Show("抱歉，您请求的功能尚未完成！");
                break;
        }
    }
```

(4) 在"登录"按钮的 Click 事件里面编写代码，实现登录功能，主要代码如下：

```
using System;
  ⋮
namespace MySchool
{
    /// <summary>
    ///登录窗体
    /// </summary>
    public partial class LoginForm : Form
    {
        public LoginForm()
        {
            InitializeComponent();
        }
        //单击取消按钮，关闭应用程序
        private void btnCancel_Click(object sender, EventArgs e)
        {
            Application.Exit();
        }
        //单击登录按钮时，设置用户名和登录类型
        private void btnLogIn_Click(object sender, EventArgs e)
```

```
    {
        bool isValidUser = false;          //标识是否为合法用户
        string message = "";               //如果登录失败，显示的消息提示
        //如果验证通过，就显示相应的用户窗体，并将当前窗体设为不可见
        if (ValidateInput())
        {    //调用用户验证方法
            isValidUser = ValidateUser(
                cboLogInType.Text,
                txtLogInId.Text,
                txtLogInPwd.Text,
                ref message);
            //如果是合法用户，显示相应的窗体
            if (isValidUser)
            {
                //将输入的用户名保存到静态变量中
                UserHelper.loginId = txtLogInId.Text;
                //将选择的登录类型保存到静态变量中
                UserHelper.loginType = cboLogInType.Text;
                ShowUserForm();              //显示相应用户的主窗体
                this.Visible = false;
            }
            //如果登录失败，显示相应的消息
            else
            {
                MessageBox.Show(message, "登录失败",
                    MessageBoxButtons.OK, MessageBoxIcon.Error);
            }
        }
    }
}
```

　　说明　UserHelper 类在前面的任务中已经定义，这里可直接调用。

▶　**知识拓展**

1. ExecuteScalar 返回值问题

　　(1) 当该方法与聚合函数(count，max，min，average)一起使用时，可以将执行结果显式转换为一个 int 类型，如本例就是使用了 count 函数。

　　(2) 当该方法不与聚合函数一起使用时，若执行查询结果的第一行第一列无值，则返

回一个 NULL，若有具体值，则根据其值进行类型转换，返回结果。

2．常见错误

(1) 在执行 SQL 语句或存储过程之前，数据库连接未打开。

(2) 使用 Command 对象的 ExecuteScalar()方法执行 SQL 语句或存储过程后，没有进行显式类型转换。

▶ 归纳总结

Command 对象的 ExecuteScalar()方法是开发数据库应用程序中常用的一个方法，利用它可以检验对数据库的查询操作是否存在有效的结果，要理解其返回值问题，能够对返回值进行正确的类型转换及判断。

任务 7.6　实现"高校学生管理系统"查询全部学生信息功能

▶ 任务描述

大多应用程序都提供的查询功能，用户可以根据一定的条件进行查询，系统将查询结果显示给用户。这一功能的实现就需要使用 Command 对象的 ExecuteReader()方法，该方法返回一个 DataReader 对象，通过 DataReader 对象从数据库中读取数据。

本任务主要介绍 ExecuteReader()方法及 DataReader 对象的常用属性和方法，实现查询学生信息功能。

▶ 预备知识

SqlDataReader 对象简介

与 Connection 对象、Command 对象一样，DataReader 对象属于 .NET Framwork 数据提供程序，不同的数据提供程序都有自己的 DataReader 对象，不同的数据库提供程序有不同的数据库连接类，如表 7-20 所示。

表 7-20　.NET Frmework 数据提供程序及相应的 DataReader 类

数据提供程序	连接类	命名空间
SQL Server	SqlDataReader	System.Data.SqlClient
OLEDB	OleDbDataReader	System.Data.OleDb
ODBC	OdbcDataReader	System.Data.Odbc
Oracle	OracleDataReader	System.Data.OracleClient

SqlDataReader 提供一种从数据库读取只读数据流的方式，不能对读取的数据进行修改，所以其是只读的单向的数据流，而且在读取数据时，要始终保持与数据库的连接。但是其占用资源非常少，每次只有一条记录存在其中。SqlDataReader 对象的主要属性和方法如表 7-21 所示。

表 7-21　SqlDataReader 对象的主要属性和方法

属　　性	说　　明	方　　法	说　　明
HasRows	是否返回了结果，如果有查询的结果，返回 true；否则返回 false	Read	前进到下一行记录，如果读到数据，返回 ture；否则返回 false
FieldCount	获取当前行中的列数	Close	关闭 DataReader 对象

▶ 任务实施

任务 7-6　实现"高校学生管理系统"查询学生信息功能。

了解了 SqlDataReader 对象，我们就用它来查询 MySchool 数据库里的学生信息，程序代码如下：

【例 7-19】实现"高校学生管理系统"查询全部学生信息的功能。

```
using System;
    ⋮
namespace DataReaderExample
{   class Program
    {   static void Main(string[] args)
        {
            SqlConnection conn = new SqlConnection("server=.;database=myschool;uid=sa; pwd= 123;");
            SqlCommand comm = new SqlCommand();
            comm.Connection = conn;
            comm.CommandType = CommandType.Text;
            comm.CommandText = "select studentname,sex,studentidno,major from student";
            try
            {   conn.Open();
                //生成 SqlDataReader 对象
                SqlDataReader sdr = comm.ExecuteReader();
                Console.WriteLine("学生信息如下：");
                while (sdr.HasRows)
                {   while (sdr.Read())
                    {
                        Console.WriteLine("{0}\t{1}\t{2}\t{3}", sdr["studentname"], sdr["sex"],
                                    sdr["studentidno"], sdr["major"]);
                    }
                }
                sdr.Close();
            }
            catch (Exception ex)
```

```
        {
            Console.WriteLine("程序异常：" + ex.Message.ToString());
        }
        finally
        {
            conn.Close();
        }
    }
}
}
```

程序运行结果如图 7-9 所示。

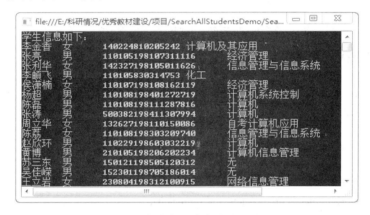

图 7-9　查询全部学生信息的结果

▶ **知识拓展**

下面我们对 DataReader 使用的步骤做如下总结。

(1) 创建 Command 对象。

(2) 调用 ExecuteReader()创建 DataReader 对象。

假设已经有一个 Command 对象名为 command，就可以这样创建一个 DataReader 对象：

　　SqlDataReader　dataReader = command.Executereader();

(3) 使用 DataReader 的 Read()方法逐行读取数据。

这个方法返回一个布尔值，如果能读到一行记录，就返回 True，否则返回 False。

　　dataReader.Read();

(4) 读取当前行的某列的数据。

可以像使用数组一样，用方括号来读取某列的值，如(type)dataReader[ ]，方括号中可以像数组一样使用列的索引，从 0 开始，也可以使用列名。读取列值要进行类型转换，如

　　(string)dataReader["StudentName"];

上例中的输出语句

　　Console.WriteLine("{0}\t{1}\t{2}\t{3}", sdr["studentname"], sdr["sex"], sdr["studentidno"], sdr["major"]);

也可以更改为

Console.WriteLine("{0}\t{1}\t{2}\t{3}", sdr[0], sdr[1], sdr[2], sdr[3]);

（5）关闭 DataReader 对象调用它的 Close()方法。

注意　SqlDataReader 对象不能使用下列语句创建：

SqlDataReader sdr=new SqlDataReader();

▶ 归纳总结

在本节中，主要介绍了使用 Command 对象的 ExecuteReader()方法生成 DataReader 对象的方法，掌握 DataReader 对象的使用步骤和及注意事项，是作为一个程序开发人员必备的技能之一。

任务 7.7　实现"高校学生管理系统"模糊查询功能

▶ 任务描述

在"高校学生管理系统"主界面中，点击工具栏上的"查询及修改学员"工具按钮就会弹出如图 7-10 所示的"查找学员用户"窗口。用户在用户名后面的文本框中输入查询关键字，点击"查找"按钮就能够查找到与关键字有关的学员信息，并将信息显示在窗体上的 ListView 控件中。本任务将主要讲解使用 ListView 控件显示查询结果的方法。

图 7-10　查找学员用户界面

▶ 预备知识

7.7.1　ListView 列表视图控件介绍

ListView 控件可以显示带图标的项列表，用户可使用该控件创建类似 Win 7 系统计算机功能的用户界面，如图 7-11 所示，这就是通过 ListView 控件实现的。

图 7-11　Win 7 计算机界面效果图

1．常用属性

ListView 控件常用属性及说明如表 7-22 所示。

表 7-22　ListView 控件常用属性

属　性	说　明
Columns	"详细信息"视图中显示的列
FullRowSelect	当选中一项时，它的子项是否同该项一起突出显示
Items	ListView 中所有项的集合
MultiSelect	是否允许选择多项
SelectedItems	选中项的集合
View	指定 ListView 的视图模式
LargeImageList	获取或设置当项以大图标在控件中显示时使用的 ImageList
SmallImageList	获取或设置当项以小图标在控件中显示时使用的 ImageList
Alignment	指定 ListView 各项的对齐方式
Sorting	对项进行排序的方式
GridLines	获取或设置一个值，该值指示在包含控件中的项及其子项的行和列之间是否显示网格线

下面对比较重要的属性进行详细介绍：

(1) View 属性：用于获取或设置项在控件中的显示方式。

View 的属性值及说明如表 7-23 所示。

表 7-23　View 属性取值及说明

属性值	说　明
View.LargeIcon	大图标，大图标随列表项的文本同时显示，默认为此视图
View.SmallIcon	小图标，小图标随列表项的文本同时显示
View.List	列表，只显示列表项的文本
View.Details	详细信息，列表项显示在多个列中
View.Tile	平铺，此视图只能在 Windows XP 和 Windows 2003 中使用

（2）FullrowSelect 属性：用于指定是只选择某一项，还是选择某一项所在的整行。

属性值：如果单击某项会选择该项及其所有子项，则为 True；如果单击某项仅选择项本身，则为 False。默认为 False。

说明　除非将 ListView 控件的 View 属性设置为 Details，否则 FullRowSelect 属性无效。在 ListView 显示带有许多子项的项时，通常使用 FullrowSelect 属性，并且，在由于控件内容的水平滚动而无法看到项文本时，能够查看选定项是非常重要的。

（3）GridLines 属性：指定在包含控件中项及其子项的行和列之间是否显示网格线。

属性值：如果在项及其子项的周围绘制网格线，则为 True；否则为 False。默认为 False。

说明　除非将 ListView 控件的 View 属性设置为 Details，否则 GridLines 属性无效。

2．常用方法与事件

ListView 常用方法与事件如表 7-24 所示。

表 7-24　ListView 常用方法

方　法	说　明	事件	说　明
Clear()	移除 ListView 中的所有项	MouseDoubleClick	鼠标双击事件

3．ListViewItem

列表视图中的选项总是 ListViewItem 类的一个实例。ListViewItem 包含要显示的信息，如文本和图标的索引。ListViewItems 有一个 SubItems 属性，其中包含另一个类 ListViewSubItem 的实例。如果 ListView 控件处于 Details 或 Tile 模式下，这些子项就会显示出来。每个子选项表示列表视图中的一个列。子项和主选项之间的区别是，子选项不能显示图标。

通过 Items 集合把 ListViewItems 添加到 ListView 中，通过 ListViewItem 上的 SubItems 集合把 ListViewSubItems 添加到 ListViewItem 中。

4．ColumnHeader

要使用列表视图显示列标题，需要把类 ColumnHeader 的实例添加到 ListView 的 Column 集合中。当 ListView 控件处于 Details 模式下时，Columnheader 为要显示的列提供一个标题。

7.7.2　ListView 控件简单应用

【例 7-20】　使用 ListView 控件实现"我的电脑"本地磁盘详细信息功能，实现效果如图 7-12 所示。

图 7-12　模拟"我的电脑"效果图

实现步骤:

(1) 创建 Windows 应用程序,命名为 Mycomputer。

(2) 窗体添加一个 label 控件,设置其 Text 属性值为"我的电脑本地磁盘信息:"。添加一个 ListView 控件,ID 值为 lvInfo。

(3) 编写窗体的 Form_Load 事件,代码如下:

```
private void Form1_Load(object sender, EventArgs e)
{
    lvInfo.View = View.Details;   //设置 ListView 控件的视图状态为详细视图方式
    ColumnHeader ch1 = new ColumnHeader();      //实例化一个列标题对象
    ch1.Text = "名称";                          //设定列标题的名称
    ch1.Width = 80;                             //设定列标题的宽度
    lvInfo.Columns.Add(ch1);                    //将列对象添加到 ListView 控件的列集合中
    ColumnHeader ch2 = new ColumnHeader();
    ch2.Text = "类型";
    ch2.Width = 100;
    lvInfo.Columns.Add(ch2);
    ColumnHeader ch3 = new ColumnHeader();
    ch3.Text = "总大小";
    ch3.Width = 90;
    lvInfo.Columns.Add(ch3);
    ColumnHeader ch4 = new ColumnHeader();
    ch4.Text = "可用空间";
    ch4.Width = 100;
    lvInfo.Columns.Add(ch4);
    //实例化一个 ListView 对象
    ListViewItem lvi1 = new ListViewItem();
    lvi1.Text = "C 盘";
    lvi1.SubItems.Add("本地磁盘");     //设定 ListView 对象的子项
    lvi1.SubItems.Add("30G");
    lvi1.SubItems.Add("14G");
    lvInfo.Items.Add(lvi1);                     //将 ListView 对象添加到 ListView 的项(Items)集合中
    ListViewItem lvi2 = new ListViewItem();
    lvi2.Text = "D 盘¨¬";
    lvi2.SubItems.Add("本地磁盘");
    lvi2.SubItems.Add("120G");
    lvi2.SubItems.Add("50G");
    lvInfo.Items.Add(lvi2);
    ListViewItem lvi3 = new ListViewItem();
```

```
        lvi3.Text = "E 盘";
        lvi3.SubItems.AddRange(new string[] { "本地磁盘", "165G", "100G" });
        lvInfo.Items.Add(lvi3);
    }
```

▶ 任务实施

任务 7-7   实现"高校学生管理系统"模糊查询功能。

1. 查找学员用户窗口设计

新建 Form 窗体，命名为 SearchStudentForm，在窗体上添加两个 Label 控件，一个文本框，两个按钮，一个 ListView 控件，各个控件的属性设置如表 7-25 所示。

表 7-25   窗口控件及属性说明

控件类型	属 性	值
Lable	Name	lblLoginId
	Text	用户名
Lable	Name	lblComment
	Text	(支持模糊查找)
TextBox	Name	txtLoginId
Button	Name	btnSearch
	Text	查找
Button	Name	btnClose
	Text	关闭
ListView	Name	lvStudent
	FullRowSelect	True
	GridLines	True
	MultiSelect	False
	ContextMenuStrip	cmsStudent
	Sorting	Ascending
	View	Details
	HeaderStyle	Nonclickable

2. 功能实现

具体实现代码如下：

```
        using System;
        ⋮
        namespace MySchool
```

```
{       /// <summary>
        ///查询学员用户窗体
        /// </summary>
        public partial class SearchStudentForm : Form
        {
            public SearchStudentForm()
            {
                InitializeComponent();
            }
            //单击取消按钮时，关闭窗体
            private void btnClose_Click(object sender, EventArgs e)
            {
                this.Close();
            }
            //查找用户
            private void btnSearch_Click(object sender, EventArgs e)
            {
                if (txtLoginId.Text == "")          //必须输入用户名才能查找
                {
                    MessageBox.Show("请输入用户名", "输入提示", MessageBoxButtons.OK,
                            MessageBoxIcon.Information);
                    txtLoginId.Focus();
                }
                else                                //查找用户
                {
                    FillListView();                 //填充列视图
                }
            }
            /// <summary>
            ///根据查询条件，从数据库中读取信息，填充列表视图
            /// </summary>
            private void FillListView()
            {
                string loginId;             //用户名
                string studentName;         //姓名
                string studentNO;           //学号
                int userStateId;            //用户状态
                string userState;           //用户状态
```

```
//查找学员用户的 sql 语句
string sql = string.Format(
    "SELECT StudentID,LoginId,StudentNO,StudentName,UserStateId FROM
                    Student WHERE LoginId like '%{0}%'", txtLoginId.Text);
try
{
    SqlCommand command = new SqlCommand(sql, DBHelper.connection);
                                //构造 Command 对象
    DBHelper.connection.Open();     //打开数据库连接
    SqlDataReader dataReader = command.ExecuteReader();   //执行查询用户命令
    lvStudent.Items.Clear();          //清除 ListView 中的所有项
    //如果结果中没有数据行，就弹出提示
    if (!dataReader.HasRows)
    {
        MessageBox.Show("抱歉，没有您要找的用户！", "结果提示",
                    MessageBoxButtons.OK, MessageBoxIcon.Information);
    }
    else
    {
        //将查到的结果循环写到 ListView 中
        while (dataReader.Read())
        {
            //将从数据库中读取到的用户名姓名学号用户状态赋给相应的变量
            loginId = (string)dataReader["LoginId"];
            studentName = (string)dataReader["StudentName"];
            studentNO = (string)dataReader["StudentNO"];
            userStateId = (int)dataReader["UserStateId"];
            userState = (userStateId == 1) ? "活动" : "非活动";
            ListViewItem lviStudent = new ListViewItem(loginId);
                                //创建一个 ListView 项
            lviStudent.Tag = (int)dataReader["StudentID"];   //将放在 Tag 中
            lvStudent.Items.Add(lviStudent);   //向 ListView 中添加一个新项
            lviStudent.SubItems.AddRange(new string[] { studentName, studentNO,
                userState });        //向当前项中添加子项
        }
    }
    dataReader.Close();              //关闭 dataReader
}
```

```
catch (Exception ex)
{
    MessageBox.Show("查询数据库出错！", "提示", MessageBoxButtons.OK,
        MessageBoxIcon.Error);
    Console.WriteLine(ex.Message);
}
finally
{
    DBHelper.connection.Close();            //关闭数据库连接
}
        }
    }
}
```

▶ **知识拓展**

在实现"我的电脑"本地磁盘功能效果时，我们实现了详细列表的功能，在实现显示磁盘详细信息功能的基础上实现以大图标(如图 7-13 所示)、小图标(如图 7-14 所示)、详细信息(如图 7-15 所示)3 种形式显示磁盘信息功能。在实现这些功能时，除了需要使用 ListView 控件，还有 ImageList 控件，所以先简单介绍一下 ImageList 控件的功能及常用属性。

图 7-13　"大图标"显示效果

图 7-14　"小图标"显示效果

图 7-15　"详细信息"显示效果

1．ImageList 控件简介

ImageList 控件是一个图片集管理器，支持 bmp、gif 和 jpg 等图像格式。它主要用于缓存用户预定义好的图片列表信息，该控件不可以单独用来显示图片内容，必须和其他控件联合使用才可以显示预先存储在其中的图片内容。另外，在窗体上添加一个 ImageList 控件时，它不会出现在窗体上，而是出现在窗体的下方。

其基本的属性和方法定义如表 7-26 所示。

表 7-26　ImageList 控件常用属性和方法

属　性	说　　明	方　法	说　　明
Images	该属性表示图像列表中包含的图像的集合	Draw	该方法用于绘制指定图像
ImageSize	该属性表示图像的大小，默认高度和宽度为 16×16，最大值为 256×256		

2．ImageList 控件简单应用

【例 7-21】　实现"我的电脑"磁盘显示的"大图标"、"小图标"、"详细列表"显示效果。

具体实现步骤如下：

(1) 创建 Windows 应用程序。在窗体上添加一个 ListView 控件、两个 ImageList 控件和 3 个 Button 控件，控件的属性及取值如表 7-27 所示

表 7-27　"我的电脑"查看效果控件属性及取值

控　　件	属　　性	值
ListView	Name	lvMyComputer
	LargeImageList	ilLarge
	SmallImageList	ilSmall
ImageList	Name	ilLarge
	ImageSize	64,64
ImageList	Name	ilSmall
	ImageSize	32,32
Button	Name	btnLarge
	Text	大图标
Button	Name	btnSmall
	Text	小图标
Button	Name	btnDetails
	Text	详细信息

(2) 点击 ilLarge 控件的 Images 属性右边的小按钮，打开如下图 7-16 所示的图像集合编辑器，点击"添加"按钮为其添加图片。以同样的方式为 ilSmall 控件设置 Images 集合属性。

图 7-16 ImageList 控件图像集合编辑器

(3) 设置 lvMyComputer 控件的 Columns 属性，打开 ColumnHeader 集合编辑器，如图 7-17 所示，点击"添加"，为每一个 ColumnHeader 对象设置 Text 属性，分别为"名称"、"类型"、"总大小"、"可用空间"等。

图 7-17 ListViewt 控件 ColumnHeader 集合编辑器

(4) 设置 lvMyComputer 控件的 Items 属性，打开 ListViewItems 集合编辑器，如图 7-18 所示，设置其 Text 属性、ImageIndex 属性。

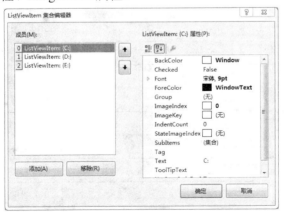

图 7-18 ListViewt 控件 ListViewItem 集合编辑器

(5) 点击图 7-18 中 ListViewItems 集合编辑器列表项的 SubItems 属性，打开如图 7-19

所示的 ListViewSubItem 集合编辑器，点击"添加"，设置各个子项的 Text 属性值。

图 7-19　ListViewt 控件 ListViewSubItem 集合编辑器

(6) 编写"大图标"按钮的 Click 事件。

```
private void btnLarge_Click(object sender, EventArgs e)
{
    lvMyComputer.View = View.LargeIcon;
}
```

(7) 编写"小图标"按钮的 Click 事件。

```
private void btnSmall_Click(object sender, EventArgs e)
{
    lvMyComputer.View = View.SmallIcon;
}
```

(8) 编写"详细图标"按钮的 Click 事件。

```
private void btnDetails_Click(object sender, EventArgs e)
{
    lvMyComputer.View = View.Details;
}
```

▶ 归纳总结

在本节中，通过实例介绍了 ListView 控件的简单应用，及其与 ImageList 控件结合实现 Windows 资源管理器功能；要理解 ListView 控件的 5 种视图模式。ImageList 控件能够为窗体其他控件提供图像的应用。重点要理解并掌握使用 ListView 控件显示多行信息功能的实现。

任务 7.8　实现"高校学生管理系统"添加学员功能

▶ 任务描述

任何一个软件都要用到添加用户的功能，在"高校学生管理系统"中，我们当然也要能够实现管理员、教员、学员用户的添加。

在前面的任务中，我们设计了"高校学生管理系统"的创建学员用户的界面(如图 5-2 所示)，在本节中，我们将利用 Command 对象的 ExecuteNonQuery( )方法，实现对 MySchool 数据库中学生表(Student)增加一条记录操作。添加学员用户成功后的效果如图 7-20 所示。

图 7-20　添加学员用户界面

▶ 预备知识

ExecuteNonQuery()方法简介

在前面的任务中，我们使用 ExecuteScalar()方法与 ExecuteReader()方法实现了从数据库中查询记录的功能。那么怎样对数据表中记录进行增、删、改呢？这就需要使用 Command 对象的 ExecuteNonQuery()方法。

ExecuteNonQuery()方法是 Command 对象中的一个极其重要的方法，其返回值是一个 int 类型的数据，代表受 SQL 语句影响的行数。

ExecuteNonQuery()方法执行特定的 SQL 语句，如 Insert、Update、Delete。

使用 Command 对象的 ExecuteNonQuery( )方法的步骤：

(1) 定义数据库连接字符串。

(2) 创建 Connection 对象。

(3) 定义要执行的 sql 语句。

(4) 创建 Command 对象。

(5) 调用 Connection 对象的 Open( )方法打开数据库。

(6) 执行 ExecuteNonQuery()方法。

(7) 调用 Connection 对象的 Close( )方法关闭数据库。

(8) 根据返回的结果进行后续的处理。

我们可以通过它的返回结果知道执行的情况，如果返回值小于或等于 0，说明没有记录受到影响。

▶ 任务实施

任务 7-8　实现"高校学生管理系统"的添加学员功能。

我们在实现添加学员用户功能前，需要实现该学员所在的年级和班级由用户自己选择添加的功能，这就需要用到 DataReader 对象。ExecuteReader( )方法的使用步骤在前面已作介绍，下面重点介绍其实现原理。

　　在数据库中和班级、年级有联系的表有两个，一个是 Grade，用来存放年级信息，该表包含 2 个字段：GradeId，表示年级编号；GradeName，表示年级名称。另外一个是 Class，用来存放班级信息，该表包含 3 个字段：ClassId，表示班级编号；ClassName，表示班级名称；GradeId，表示年级编号，即该班级属于哪个年级。

　　在实现年级组合框时，可以直接使用 ExecuteReader( )方法，读取出年级表中的所有年级名称，显示在年级组合框中。但是在实现显示该年级相应班级时，我们需要知道该班级所在的年级，因此需要增加一步，即先根据用户选择的年级名称得到年级编号，再根据年级编号得到属于该年级的班级名称。该功能在窗体加载事件(Load)中实现。

　　实现了年级与班级信息的加载后，下面就要使用本节介绍的新知识实现学员用户的添加，即使用 ExecuteNonQuery( )实现将用户输入的学员信息添加到数据库中。

　　具体实现步骤如下：

　　(1) 打开我们以前创建的 AddStudentForm 窗体，在窗体的 Load 事件中，先实现年级名称的显示，参考代码如下：

```
private void AddStudentForm_Load(object sender, EventArgs e)
{
    string sql = "SELECT GradeName FROM Grade";              //查询年级的sql语句
    //设置command命令执行的语句
    SqlCommand command = new SqlCommand(sql, DBHelper.connection);
    try
    {
        DBHelper.connection.Open();                          //打开数据库连接
        SqlDataReader dataReader = command.ExecuteReader();  //执行查询
        string gradeName = "";                               //年级名称
        //循环读出所有的年级名，并添加到年级列表框中
        while (dataReader.Read())
        {
            gradeName = (string)dataReader["GradeName"];
            cboGrade.Items.Add(gradeName);
        }
        dataReader.Close();
    }
    catch (Exception ex)
    {
        MessageBox.Show("操作数据库出错");
        Console.WriteLine(ex.Message);
    }
    finally
```

```
        {
            DBHelper.connection.Close();
        }
    }
```

(2) 当用户选择了某个年级时，需要依据选择的年级名称得到相应班级的名称，我们需要在年级组合框的 SelectedIndexChanged( )事件中，添加相应代码：

```
//当选择的年级变化时，变化班级组合框的选项
private void cboGrade_SelectedIndexChanged(object sender, EventArgs e)
{
    if (cboGrade.Text.Trim() != "")
    {
        //先找出年级的id
        int gradeId = -1;
        //查询GradeID 的sql语句
        string sql = "SELECT GradeId FROM Grade WHERE GradeName='" + cboGrade.Text + "'";
        //定义command对象
        SqlCommand command = new SqlCommand(sql, DBHelper.connection);
        SqlDataReader dataReader;
        try
        {
            DBHelper.connection.Open();
            dataReader = command.ExecuteReader();        //执行查询
            //循环读出所有的班级名，并添加到班级组合框中
            if (dataReader.Read())
            {
                gradeId = (int)dataReader["GradeId"];
            }
            dataReader.Close();
        }
        catch (Exception ex)
        {
            MessageBox.Show("操作数据库出错ª");
            Console.WriteLine(ex.Message);
        }
        finally
        {
            DBHelper.connection.Close();
        }
        //根据年级Id查询班级名称的sql语句
```

```
        sql = "SELECT ClassName FROM Class WHERE GradeId=" + gradeId;
        command.CommandText = sql;           //重新指定 command 对象的查询语句
        try
        {
            DBHelper.connection.Open();
            dataReader = command.ExecuteReader();        //执行查询
            string className = "";                        //班级名称
            cboClass.Items.Clear();                       //清除原有值
            //循环读出所有的班级名，并添加到班级组合框中
            while (dataReader.Read())
            {
                className = (string)dataReader["ClassName"];
                cboClass.Items.Add(className);
            }
            dataReader.Close();
        }
        catch (Exception ex)
        {
            MessageBox.Show("操作数据库出错");
            Console.WriteLine(ex.Message);
        }
        finally
        {
            DBHelper.connection.Close();
        }
    }
}
```

　　(3) 在添加学员用户时，需要保证所有的项目都要添加，所以我们自定义一个方法，实现判断用户是否进行输入的验证，参考代码如下：

```
        //验证通过返回 True，验证失败返回 False
        private bool ValidateInput()
        {
            if (txtLoginId.Text == "")           //验证是否输入了用户名
            {
                MessageBox.Show("请输入用户名", "输入提示", MessageBoxButtons.OK,
                        MessageBoxIcon.Information);
                txtLoginId.Focus();
                return false;
            }
```

```csharp
if (txtLoginPwd.Text == "")          //验证是否输入了密码
{
    MessageBox.Show("请输入密码", "输入提示", MessageBoxButtons.OK,
            MessageBoxIcon.Information);
    txtLoginPwd.Focus();
    return false;
}
if (txtPwdAgain.Text == "")          //验证是否输入了确认密码
{
    MessageBox.Show("请输入确认密码, "输入提示°?", MessageBoxButtons.OK,
            MessageBoxIcon.Information);
    txtPwdAgain.Focus();
    return false;
}
if (!(txtLoginPwd.Text == txtPwdAgain.Text))     //验证两次密码是否一致
{
    MessageBox.Show("两次输入的密码不一致", "输入提示", MessageBoxButtons.OK,
            MessageBoxIcon.Information);
    txtPwdAgain.Focus();
    return false;
}
if (!rdoActive.Checked && !rdoInactive.Checked)   //验证是否选择了用户状态
{
    MessageBox.Show("请设置用户的状态", "输入提示", MessageBoxButtons.OK,
            MessageBoxIcon.Information);
    rdoActive.Focus();
    return false;
}
if (txtStudentName.Text == "")              //验证是否输入了用户姓名
{
    MessageBox.Show("请输入学员姓名", "输入提示", MessageBoxButtons.OK,
            MessageBoxIcon.Information);
    txtStudentName.Focus();
    return false;
}
if (txtStudentNO.Text == "")                 //验证是否输入了学号
{
    MessageBox.Show("请输入学号", "输入提示", MessageBoxButtons.OK,
            MessageBoxIcon.Information);
```

```
            txtStudentNO.Focus();
            return false;
        }
        if (!rdoMale.Checked && !rdoFemale.Checked)          //验证是否选择了性别
        {
            MessageBox.Show("请选择学员性别", "输入提示", MessageBoxButtons.OK,
                        MessageBoxIcon.Information);
            rdoMale.Focus();
            return false;
        }
        if (cboClass.Text == "")                             //验证是否选择了用户的班级
        {
            MessageBox.Show("请选择用户班级", "输入提示", MessageBoxButtons.OK,
                        MessageBoxIcon.Information);
            cboClass.Focus();
            return false;
        }
        return true;
    }
```

(4) 在学员表(Student)中存放的是班级的编号，但是在界面上显示的是班级的名称，因此在添加学员时，还需要实现根据班级名称得到班级编号的功能。我们定义一个自定义方法 GetClassId( )来实现这个功能，参考代码如下：

```
    //根据组合框中的班级名称，获取班级id
    private int GetClassId()
    {
        int classId = 0;          //年级名称
        string sql = string.Format("SELECT ClassID FROM Class WHERE ClassName='{0}'",
                        cboClass.Text);
        try
        {
            //定义 command 对象
            SqlCommand command = new SqlCommand(sql, DBHelper.connection);
                    DBHelper.connection.Open();              //打开数据库连接
            SqlDataReader dataReader = command.ExecuteReader();          //执行查询
            //读出班级 id
            if (dataReader.Read())
            {
                classId = (int)dataReader["ClassID"];
            }
```

```
            dataReader.Close();                    //关闭 DataReader 对象
        }
        catch (Exception ex)
        {
            MessageBox.Show("操作数据库出错");
            Console.WriteLine(ex.Message);
        }
        finally
        {
            DBHelper.connection.Close();            //关闭数据库连接
        }
        return classId;
    }
```

（5）最后，我们在"保存"按钮的单击事件中，使用 ExecuteNonQuery( )方法，将所添加的学员信息插入到学生表中，参考代码如下：

```
    //增加学员信息到数据库
    private void btnSave_Click(object sender, EventArgs e)
    {
        if (ValidateInput())
        {
            //获取要插入数据库的每个字段的值
            string loginId = txtLoginId.Text;          //用户名
            string loginPwd = txtLoginPwd.Text;        //密码
            //根据选择的状态设置状态id
            string userStateId = rdoActive.Checked ? (string)rdoActive.Tag : (string)rdoInactive.Tag;
            string name = txtStudentName.Text;         //姓名
            string studentNO = txtStudentNO.Text;      //学号
            string phone = txtPhone.Text;              //电话
            string email = txtEmail.Text;              //电子邮件
            string sex = rdoMale.Checked ? rdoMale.Text : rdoFemale.Text;    //性别
            //调用获取班级id的方法，获取班级id
            int classId = GetClassId();
            //构建插入的sql语句
            string sql = string.Format("INSERT INTO Student (LoginId,LoginPwd,UserStateId,ClassID,
                        StudentName,Sex,Phone,StudentNO,Email) values('{0}', '{1}',
                        '{2}', {3}, '{4}', '{5}', '{6}', '{7}', '{8}')", loginId, loginPwd,
                        userStateId, classId, name, sex, phone, studentNO, email);
            try
            {
```

```
SqlCommand command = new SqlCommand(sql, DBHelper.connection);
                                    //创建 command 对象
DBHelper.connection.Open();     //打开数据库连接
int result = command.ExecuteNonQuery();      //执行命令
//根据操作结果给出提示信息
if (result < 1)
{
        MessageBox.Show("添加失败！", "操作提示", MessageBoxButtons.OK,
                MessageBoxIcon.Warning);
}
else
{
        MessageBox.Show("添加成功！　", "操作提示", MessageBoxButtons.OK,
                MessageBoxIcon.Information);
        this.Close();
}
}
catch (Exception ex)
{
        MessageBox.Show("操作数据库出错！", "操作提示", MessageBoxButtons.OK,
                MessageBoxIcon.Error);
        Console.WriteLine(ex.Message);
}
finally
{
        DBHelper.connection.Close();            //关闭数据库连接
}
    }
    }
```

至此，我们在添加学员窗体中，输入相关内容，就能够实现将一名学员添加到学员表(Student)中。

▶ 知识拓展

在上面的介绍中，我们实现了使用 Command 对象的 ExecuteNonQuery( )方法在表里添加一条记录，下面将继续用该方法实现修改表中数据的功能。

【例 7-22】　实现管理员表(Admin)用户密码的修改功能，将用户 Admin 的密码改为"123"。

参考代码如下：

```
//修改用的 sql 语句
string sql = "Update Admin SET  LoginPwd='123'  WHERE  LoginId='Admin'",;
int result = 0;   // 操作结果
try
{      //创建 Command 对象
        SqlCommand command = new SqlCommand(sql, DBHelper.connection);
        DBHelper.connection.Open();                //打开数据库连接
        result = command.ExecuteNonQuery();        //执行命令
}
catch (Exception ex)
{
        MessageBox.Show(ex.Message);
}
finally
{
        DBHelper.connection.Close();               //关闭数据库连接
}
if (result < 1)          //操作失败
{
        MessageBox.Show("修改失败！", "操作结果?", MessageBoxButtons.OK,
                        MessageBoxIcon.Exclamation);
}
else                     //操作成功
{
        MessageBox.Show("修改成功！", "操作结果", MessageBoxButtons.OK,
                        MessageBoxIcon.Information);
}
```

▶ 归纳总结

在本节中，介绍 Command 对象的 ExecuteNonQuery( )方法的操作步骤，实现对数据库中表的增、删、改操作。同时，要能够灵活地运用该方法的返回值，一般情况下，我们都需要根据该返回值，以确定下一步的操作。

任务 7.9 实现学员状态修改及删除

▶ 任务描述

在"高校学生管理系统"中，为了方便学员用户的管理，对于每个学员我们都设置了一个状态：活动与非活动。在登录时，我们即可允许活动的学员用户登录，不活动的用户不能登录。为了使管理员能够修改用户的状态及删除学员用户，我们在"高校学生管理系统"的查找学员用户窗体(SearchStudentForm)中添加、修改学员用户状态功能。实现效果如图 7-21 所示。

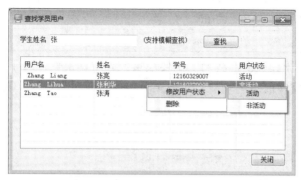

图 7-21　学员状态修改及学员用户删除

在图中可以看到，我们是通过一个快捷菜单来实现对学员用户状态的修改及学员用户删除操作。在本任务中，我们将介绍快捷菜单的用法，以及利用在任务 7.8 中已介绍的知识，实现对数据库中数据的修改及删除操作。

▶ 预备知识

快捷菜单控件的使用

我们在平时操作电脑时，可能会经常点击鼠标的右键，这时会弹出一个菜单，让我们选择其中的某些选项去实现一些功能。这个菜单就是快捷菜单。

快捷菜单 (ContextMenuStrip)控件是我们常用的控件，快捷菜单也可以叫做上下文菜单，通常我们把它叫做右键菜单。在"我的电脑"上点击右键出现的菜单就是一个快捷菜单。

我们在工具箱中可以直接找到快捷菜单，如图 7-22 所示。

　　　　　　　　　　国　　ContextMenuStrip

图 7-22　快捷菜单控件

在用户单击鼠标右键时，快捷菜单会出现在鼠标的位置，许多控件都有一个ContextMenuStrip 属性，通过它可以指定与控件相关的快捷菜单。

我们可以像使用普通控件一样，将快捷菜单直接拖动到窗体上即可，这时，它会像菜单一样在窗体的下方显示一个图标，选中这个图标，我们就能在窗体中看到它，直接键入内容添加菜单项。

那么，怎样把快捷菜单和某个控件相关联呢？例如，当我们在某个窗体上，单击鼠标右键希望出现快捷菜单时，我们只需要选中该窗体，在"属性"窗口中，找到 ContextMenuStrip 属性，选择已经创建好的快捷菜单即可。在为其他控件指定快捷菜单时，方法也是这样的。

快捷菜单和每一个菜单项(MenuItem)都有自己的属性和事件，菜单项的主要属性和事件参见表 7-28。

表 7-28　菜单项的常用属性和事件

属　　性	说　　明	事　　件	说　　明
DisplayStyle	指定是否显示图像和文本	Click	单击事件，单击菜单项时发生
Image	显示在菜单项上的图像		
Text	显示在菜单项上的文本		

注意　在软件设计过程中，我们一定要注重代码的规范性，对于控件的命名，也要做到"见名知义"，即控件前缀 + 功能。快捷菜单控件的前缀为 cms，菜单项的前缀为 mnu。

▶ **任务实施**

任务 7-9　实现学员状态的修改与删除。

在任务 7.7 中，我们已经实现了模糊查询学员功能，实现效果如图 7-23 所示。我们在该功能的基础上，为其添加修改学员状态及删除学员功能。实现这个功能涉及已介绍的 Command 对象的 ExecuteNonQuery( )方法和快捷菜单。

图 7-23　查找学员用户窗体

具体实现步骤如下：

(1) 打开查找学员用户窗体(SearchStudentForm)，在该窗体上创建一个快捷菜单控件(ContextMenuStrip)，并依次添加各个菜单项。添加后的效果如图 7-24 所示。

图 7-24　添加快捷菜单后的效果

菜单控件及菜单项的命名如表 7-29 所示。

表 7-29　快捷菜单控件及菜单项命名

对　　象	名　　称
菜单控件	cmsStudent
修改用户状态菜单项	munModify
活动菜单项	munActive
非活动菜单项	munInActive
删除菜单项	mnuDelete

(2) 为显示学员信息的 ListView 控件添加右键菜单控件，我们选中界面上的 ListView 控件(lvStudent)，在其属性窗口中，找到 ContextMenuStrip 属性，设置其值为我们创建的快捷菜单控件(cmsStudent)，如图 7-25 所示。

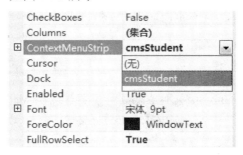

图 7-25　设置 ListView 控件的 ContextMeunStrip 属性

(3) 下面我们来实现将非活动用户修改为活动用户功能。实际上，在实现时我们只需要修改 Student 表中 UserStateId 字段(该字段的值为 0，代表非活动；为 1，代表活动)的值即可。我们在活动菜单项中添加如下代码：

```
private void tsmiActive_Click(object sender, EventArgs e)
{
    //确保用户选择了一个学员才执行修改操作
    if (lvStudent.SelectedItems.Count == 0)
    {
        MessageBox.Show("您没有选择任何用户", "操作提示", MessageBoxButtons.OK,
                MessageBoxIcon.Information);
    }
    else
    {
        //修改学员用户状态用的sql语句
        string sql = string.Format("Update Student SET UserStateId=1 WHERE
                StudentID={0}", (int)lvStudent.SelectedItems[0].Tag);
        int result = 0;        //操作结果
        try
```

```
            {
                                        //创建 Command 对象
                SqlCommand command = new SqlCommand(sql, DBHelper.connection);
                DBHelper.connection.Open();                //打开数据库连接
                result = command.ExecuteNonQuery();        //执行命令
            }
            catch (Exception ex)
            {
                MessageBox.Show(ex.Message);
            }
            finally
            {
                DBHelper.connection.Close();    //关闭数据库连接
            }
            if (result < 1)                     //操作失败
            {
                MessageBox.Show("修改失败！   ", "操作结果", MessageBoxButtons.OK,
                        MessageBoxIcon.Exclamation);
            }
            else                                //操作成功
            {
                MessageBox.Show("修改成功！", "操作结果", MessageBoxButtons.OK,
                        MessageBoxIcon.Information);
                FillListView();                 //重新查询信息填充列表视图
            }
        }
    }
```

注意　在上面我们定义的 SQL 语句中，lvStudent.SelectedItems[0].Tag 指的是我们选中行的 Tag 的属性值，该属性值是我们在实现查找学员时，保存起来的学生编号(StudentId)字段的值。

(4) 实现将活动用户变为非活动用户及删除学员的代码与上面的代码非常类似，实际上我们只需要修改相应的 SQL 语句即可。读者在课下自行实现。

▶ 知识拓展

我们平时在使用 PPStream 等软件时，当最小化软件时，窗口并不在任务栏上显示，而是在系统托盘中显示一个图标。当我们在该图标上点击右键时，可以选择相关选项实现还原。现在我们就模拟该效果制作一个实例。

【例 7-23】 将窗体最小化到系统托盘，并用快捷菜单还原。

操作步骤如下：

(1) 新建一个测试窗体 TestForm，并在该窗体上添加一个 NotifyIcon 控件、一个 ContextMenuStrip 控件，并设置相关属性。添加后的效果如图 7-26 所示。

(2) 按照图 7-26 所示，设计相关菜单项。在菜单中插入分隔符，可以直接在菜单项中输入一个减号 "-"，设置快捷键，则在字母前面添加一个&符号，如 "&O"。

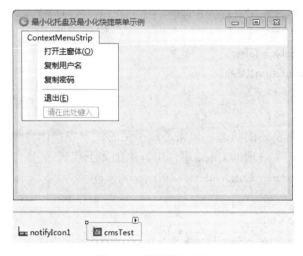

图 7-26　窗体设计效果

(3) 给 notifyIcon 控件设置 icon 属性，这一步很重要，不然系统托盘处不会有图标。然后将 ContextMenuStrip 属性设置为快捷菜单。按照图 7-27 对 notifyIcon 控件设置相关属性。

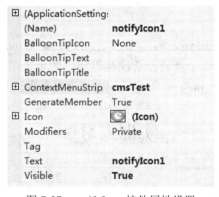

图 7-27　notifyIcon 控件属性设置

(4) 现在运行程序时，任务栏右下角系统托盘处就会有我们的图标和菜单，如图 7-28 所示。

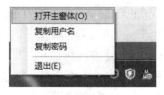

图 7-28　最终实现效果

(5) 最后，我们来处理最小化隐藏和还原的问题。首先要将 form 的 ShowInTaskBar 属性设置为 false，这样它就不会在任务栏中显示。但如果现在最小化，屏幕左下角仍然会有一条细小的标题栏。这需要手工处理一下。

在 TestForm 窗体的 Resize 事件中写上如下代码：

```
private void TestForm_Resize(object sender, EventArgs e)
{
    if (this.WindowState == FormWindowState.Minimized)//当窗体状态为最小化时，最小化到托盘
    {
        this.Visible = false;
        this.notifyIcon1.Visible = true;
    }
}
```

上面的代码会判断窗体的状态，如果是最小化的，则将窗体隐藏。

在"打开主窗体"菜单项的 Click 事件中，添加如下代码：

```
private void mnuOpen_Click(object sender, EventArgs e)
{
    this.Visible = true;
    this.WindowState = FormWindowState.Normal;
    this.Show();
}
```

▶ 归纳总结

快捷菜单(ContextMenuStrip)控件，是我们在平时设计 Windows 应用程序时最常用的控件之一，在使用该控件时，除了要设计快捷菜单相关的菜单项之外，还一定要把需要显示快捷菜单的控件的 ContextMenuStrip 属性设置为需要显示的快捷菜单。

实训练习 7

一、选择题

1. 实现往数据库中插入一条记录的 SQL 语句关键字是(　　)。　　　　　　(选择一项)

    A．Select　　　　　　B．Update　　　　　　C．Insert　　　　　D．Delete

2. 创建数据库连接使用的对象是(　　)。　　　　　　　　　　　　　　(选择一项)

    A．Connection　　　B．Command　　　　　C．DataReader　　D．DataSet

3. 程序运行可能会出现两种错误：可预料的错误和不可预料的错误，对于不可预料的错误，可以通过 C#语言提供的(　　)来处理这种情形。　　　　　　　　　(选择一项)

    A．中断调试　　　　B．逻辑判断　　　　　C．跳过异常　　　D．异常处理

4. 在 C#语言中，下列异常处理结构中有错误的是(　　)。　　　　　　(选择一项)

    A．catch{}finally{}　　　　　　　　　　B．try{}finally{}

    C．try{}catch{}finally{}　　　　　　　D．try{}catch{}

5．在 C#语言中，下列(　　)属性是 SqlDataReader 对象判断是否返回了结果。

(选择一项)

　　A．HasRows　　　　B．FieldCount　　　　C．Count　　　　D．HasResult

6．ListView 控件可以显示带图标的项列表，其中 View 属性用于获取或设置项在控件中的显示方式，下列是 View 正确取值的有(　　)。　　　　　　　　(选择三项)

　　A．View.Display　　　　　　　　B．View.List

　　C．View.Details　　　　　　　　D．View.LargeIcon

7．Command 对象的(　　)方法用以实现对数据库的增、删、改操作。　　(选择一项)

　　A．ExecuteModify( )　　　　　　B．ExecuteScalar( )

　　C．ExecuteReader( )　　　　　　D．ExecuteNonQuery( )

8．用鼠标右击一个控件时出现的菜单一般称为(　　)。　　　　　　(选择一项)

　　A．快捷菜单　　　　　　　　　　B．右键菜单

　　C．快速菜单　　　　　　　　　　D．普通菜单

二、实训操作题

1．假设有如下三个关系表：

CARD　　　借书卡。　　CNO 卡号，NAME 姓名，CLASS 班级

BOOKS　　　图书。　　BNO 书号，BNAME 书名，AUTHOR 作者，PRICE 单价，QUANTITY 库存册数

BORROW　　借书记录。　CNO 借书卡号，BNO 书号，RDATE 还书日期

备注：限定每人每种书只能借一本；库存册数随借书、还书而改变。

要求实现如下处理：

(1) 找出借书超过 5 本的读者，输出借书卡号及所借图书册数。

(2) 查询借阅了"水浒"一书的读者，输出姓名及班级。

(3) 查询过期未还图书，输出借阅者(卡号)、书号及还书日期。

(4) 查询书名包括"网络"关键词的图书，输出书号、书名、作者。

(5) 查询现有图书中价格最高的图书，输出书名及作者。

(6) 查询当前借了"计算方法"但没有借"计算方法习题集"的读者，输出其借书卡号，并按卡号降序排序输出。

(7) 将"C01"班学员所借图书的还期都延长一周。

(8) 从 BOOKS 表中删除当前无人借阅的图书记录。

(9) 查询当前同时借有"计算方法"和"组合数学"两本书的读者，输出其借书卡号，并按卡号升序排序输出。

2．创建一个数据库，并在数据库中创建一个表 Student，表中字段至少包括学员的姓名、学号、性别和班级。然后设计窗体界面，使用连接对象、命令对象、数据读取器对象实现对学员信息的增、删、改、查。

3．创建一个数据库，并在数据库中创建一个表 Products，表中字段包括商品 ID、商品名、商品价格、商品数量、商品类别等信息，并创建 10 条以上的测试数据，通过 ListView 控件实现将表中信息展示在窗体上。

单元 8　使用 DataSet 操作数据库

任务 8.1　DateSet 结构及工作原理

▶ 任务描述

在前面的任务中已经知道，当对数据库中的数据进行增、删、改、查操作时，我们必须在整个操作过程中与数据库保持连接，这样将会给服务器带来很大的压力。ADO.NET 提供了 DataSet(数据集)对象来解决这个问题。利用数据集，我们可以在断开与数据库的连接的情况下操作数据，可以操作来自多个数据源的数据。

在本任务中，主要是需要手动创建一个 DataSet，并在其中创建一个 DataTable。需要手动创建的表的内容如表 8-1 所示。

表 8-1　需要手动创建的表框架和表内容

ClassName(string, 50)	GradeID(int)
11 计算机软件 1 班	11
12 计算机软件 1 班	12

▶ 预备知识

DataSet(数据集)是 ADO.NET 的核心概念。可以把 DataSet 当成内存中的数据库，DataSet 是不依赖于数据库的独立数据集合。所谓独立，就是说，即使断开数据库连接或者关闭数据库，DataSet 依然是可用的。

那什么是数据集呢？我们以生活中的场景为例，如图 8-1 所示。车间把生产所需的原料存放在临时仓库中，在生产完成后，将临时仓库中的产品一起运送到仓库中。数据集就相当于一个临时仓库。

图 8-1　临时仓库示意图

我们可以简单地把数据集理解为一个临时的数据库，它把应用程序需要的数据临时保存在内存中，由于这些数据都缓存在本地机器上，因此就不需要一直保持和数据库的连接。

当应用程序需要数据时，就直接从内存中的数据集读数据，也可以对数据集中的数据进行修改，然后将修改后的数据一起提交给数据库。

数据集不直接和数据库打交道，它和数据库之间的相互作用都是通过 .NET 数据提供程序来完成的，所以数据集是独立于任何数据库的。

数据集的结构和已知的 MS SQL Server 数据库的结构非常类似，我们可以把它认为是保存在内存中的数据库。在 SQL Server 数据库中，每个表都有字段和记录。数据集中也可包含可多个表(DataTable)，这些表的集合就构成了数据表集合(DataTableCollection)；每一个数据表就是一个 DataTable 对象。在每个数据表中又有字段(列)和记录(行)，所有的列构成了数据列集合(DataColumnCollection)，其中每个数据列叫做 DataColumn。所有的行构成了数据行集合(DataRowCollection)，每一行叫做 DataRow。具体结构如图 8-2 所示。

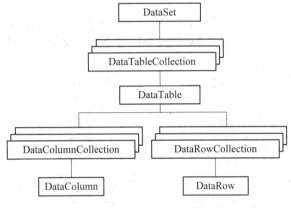

图 8-2　数据集(DataSet)的结构

8.1.1　DataSet

创建 DataSet 需要用 new 关键字。

DataSet 数据集对象 = new DataSet("数据集的名称字符串");

方法中的参数(数据集的名称字符串)可以有，也可以没有。如果没有写参数，创建的数据集的名称默认为 NewDataSet。例如

DataSet　myDataSet = new　DataSet();

DataSet　myDataSet = new　DataSet("StudentManager");

8.1.2　DataTable

DataTable 是内存中的一个关系数据表，可以独立创建使用，也可以作为 DataSet 的一个成员使用。如何把一个 DataTable 作为一个 DataSet 的成员使用呢？首先要创建一个 DataTable 对象，其次通过使用 Add 方法将其添加到 DataSet 对象的 Tables 集合中。

【例 8-1】　创建 DataTable 并添加到 DataSet 中。

```
//创建一个新的学生管理 DataSet
DataSet dsStudentManager=new DataSet();
//创建年级表
DataTable dtGrade=new DataTable("Grade");
```

//将年级表添加到 DataSet 中

dsStudentManager.Tables.Add(dtGrade);

在创建 DataTable 时，我们可以指定 DataTable 的名称，如上例所示，创建了 DataTable 对象，并指定了 DataTable 的名称为" Grade"。

如果没有指定 DataTable 名称，则把 DataTable 添加到 DataSet 中，该表会得到一个从 "0" 开始递增的默认表名（例如：Table0、Table1、Table3 等）。

刚开始创建的表没有表结构，要定义表的结构，必须创建 DataColumn 对象并将其添加到表的 Columns 集合中。在为 DataTable 定义了结构之后，通过 DataRow 对象将数据添加到表的 Rows 集合中。

8.1.3　DataColumn

DataColumn 相当于在数据表中添加字段，DataColumn 是创建 DataTable 的基础，我们通过向 DataTable 中添加一个或多个 DataColumn 对象来定义 DataTable 的结构。DataColumn 有一些常用的属性用于对输入数据的限制，如表 8-2 所示。

表 8-2　DataColumn 的常用属性

属　　性	说　　明
AllowDBNull	是否允许空值
ColumnName	DataColumn 的名称
DataType	存储的数据类型
MaxLength	获取设置文本列的最大长度
DefaultValue	默认值
Table	所属的 DataTable 的名称
Unique	DataColumn 的值是否唯一

【例 8-2】　用两种方法定义年级表中年级名的 DataColumn。

方法一：

```
//创建年级名称列
DataColumn gradeName=new DataColumn();
gradeName.ColumnName="GradeName";
gradeName.DataType=System.Type.GetType("System.String");
gradeName.MaxLength=50;
```

方法二：

```
//创建年级名称列
DataColumn gradeName=new DataColumn("gradeName",typeof(string));
gradeName.MaxLength=50;
```

8.1.4　DataRow

DataRow 表示 DataTable 中的记录，即 DataTable 中包含的实际数据，我们可以通过 DataRow 将数据添加到 DataColumn 定义好的 DataTable 中。

//创建年级名称列

DataColumn gradeName=new DataColumn("gradeName",typeof(string));

gradeName.MaxLength=50;

//创建一个新的数据行

DataRow drGrade=dtGrade.NewRow();

drGrade["gradeName"]="11 级";

▶ 任务实施

任务 8-1　创建 DataSet。

在使用 DataSet 实现班级创建时，我们需要自定义一个结构与班级信息完全相同的 DataTable，然后将 DataTable 添加到 DataSet 中。

自定义 DataSet 的步骤如下：

(1) 创建 DataSet 对象。

(2) 创建 DataTable 对象。

(3) 创建 DataColumn 对象构建表结构。

(4) 将创建好的表结构添加到表中。

(5) 创建 DataRow 对象新增数据。

(6) 将数据插入表中。

(7) 将表添加到 DataSet 中。

下面将实现在任务描述中要求实现的功能。具体步骤可以参考手动创建 DataSet 的步骤。

//创建一个新的空班级

DataSet dsClass=new DataSet( );

//创建班级表

DataTable dtClass=new DataTable("Class");

//创建班级名称列

DataColumn ClassName=new DataColumn("ClassName",typeof(string));

dcClassName.MaxLength=50;

//创建年级 ID 列

DataColumn GradeID=new DataColumn("GradeID",typeof(int));

//将定义好的列添加到班级表中

dtClass.Columns.Add("ClassName");

dtClass.Columns.Add("GradeID");

//创建一个新的数据行

DataRow drClass=dtClass.NewRow( );

drClass["ClassName"]= " 11 计算机软件 1 班";

drClass["GradeID"]= "11";

//将新的数据行插入班级表中

```
dtClass.Rows.Add(drClass);
//创建一个新的数据行
DataRow drClass=dtClass.NewRow( );
drClass["ClassName"]= "12 计算机软件 1 班";
drClass["GradeID"]= "12";
//将新的数据行插入班级表中
dtClass.Rows.Add(drClass);
//将班级表添加到 DataSet 中
dsClass.Tables.Add(dtClass);
```

▶ 知识拓展

经过前面的操作，我们手动地创建了一个 DataSet，并在其中添加了一个包含两条记录的 DataTable，那么如何获得 DataTable 中的数据呢？

从 DataSet 中获取数据的方法有两种：

方法一：通过指定 DataSet 中的具体 DataTable 的某行某列来获取数据。

具体操作步骤如下：

(1) 通过表名，从 DataSet 中获取指定的 DataTable。

(2) 通过索引，从 DataTable 中获取指定的 DataRow。

(3) 通过列名，从 DataRow 中获取指定的数据。

【例 8-3】使用方法一获取年级信息。

```
//得到班级名称
dsClass.Tables["Class"].Rows[0][ "ClassName"];
//得到年级 ID
dsClass.Tables["Class"].Rows[0][ "GradeID"];
```

方法二：将 DataSet 中的数据直接绑定到数据展示控件上以获取数据。该方法将在任务 8.3 中进行介绍。

▶ 归纳总结

在本节中，介绍了 DataSet 的基本结构，其包含 DataTable、DataColumn、DataRow 等，要特别注意这些对象的用法。掌握手动创建 DatsSet 的方法以及如何访问 DataSet 中的数据。

任务 8.2　使用 DataAdapter 对象查看教师信息

▶ 任务描述

在任务 8.1 中，介绍了 DataSet 的基本结构，知道了如何手动地创建一个 DataTable 并把它添加到 DataSet 中，但是这种方法过于繁琐，如果将某个数据表的几十个字段与上千条记录显示出来，就非常复杂。实际上，我们可以利用 DataAdapter 对象批量查看与修改数据库中的数据。下面我们将使用 DataAdapter 对象查看教师表里的所有信息，并在输入窗口中显示。实现效果如图 8-3 所示。

输出

显示输出来源(S)：调试

Id	姓名	性别
2	张三丰	男
4	杨光	男
5	文静	男
7	封帆	女
8	薇馨	女
9	龙小天	男
10	刘晓青	女
11	王斐	女
12	梁文	男
13	吕卓	男
14	高飞	男
15	罗茜	女
16	孙洁	男
17	马玉婷	女

输出　局部变量　监视 1

图 8-3　在输入窗口中显示的教师表信息

▶ **预备知识**

我们可以把 DataSet 当成是内存中的数据库，就像前面已介绍的一样，DataSet 相当于临时仓库，但是如何将仓库(数据库)中的数据搬到临时仓库(DataSet)中呢？这时就要借助 DataAdapter 对象了，DataAdapter 对象就相当于运货车，如图 8-4 所示。

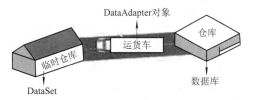

图 8-4　DataAdapter 对象的作用示意图

8.2.1　认识 DataAdapter 对象

DataAdapter 对象又称为数据适配器对象，这个对象与已介绍的其他 .NET 数据提供程序核心对象一样，可以支持多种类型的数据库，同样也需要引用对应的命名空间。具体情况如表 8-3 所示。

表 8-3　.NET 数据提供程序及对象 DataAdapter 类

.NET 数据提供程序	数据适配器
SQL 数据提供程序 System.Data.SqlClient 命名空间	SqlDataAdapter
OLEDB 数据提供程序 Syatem.Data.OleDb 命名空间	OleDbDataAdapter
ODBC 数据提供程序 System.Data.Odbc 命名空间	OdbcDataAdapter
Oracle 数据提供程序 System.Data.OracleClient 命名空间	OracleDataAdapter

DataAdapter 从数据库中读取数据,是通过其相应的方法与属性实现的,其包含的主要方法与属性如表 8-4 所示。

表 8-4　DataAdapter 对象的主要属性和方法

属　　　性	说　　　明	方法	说　　　明
SelectCommand	从数据库检索数据的 Command 对象	Fill	向 DataSet 中的表填充数据
		Update	将 DataSet 中的数据提交到数据库

数据适配器从数据库读取数据,是通过一个 Command 命令来实现的,它是数据适配器的一个属性 SelectCommand。把数据放在数据集中,需要使用 DataAdapter 的 Fill()方法。反过来,要把 DataSet 中修改过的数据保存到数据库,需要使用 DataAdapter 的 Update()方法。

8.2.2　如何填充数据集

使用 DataAdapter 填充数据集需要 4 个步骤:

(1) 创建数据库连接对象(Connection 对象)。

(2) 创建从数据库查询数据用的 SQL 语句。

(3) 利用上面创建的 SQL 语句 Connection 对象创建 DataAdapter 对象。

　　SqlDataAdapter 对象名 = new SqlDataAdapter(查询用的 SQL 语句, 数据库连接);

(4) 调用 DataAdapter 对象的 Fill()方法填充数据库。

　　DataAdapter 对象.Fill(数据集对象, "数据表名称字符串");

在步骤(4)中,Fill( )方法接收一个数据表名称字符串参数,如果数据集中原来没有这个数据表,调用 Fill( )方法后就会创建一个数据表。如果数据集中原来有这个数据表,就会把现在查出的数据继续添加到数据表中。

8.2.3　如何保存数据集中的数据

现在已经可以把数据库中的数据一次读取到 DataSet 中了,但是,我们如何把数据集中修改过的数据保存到数据库中呢?这就需要使用到 DataAdapter 对象中的 Update( )方法了。当然,在更新时需要相应的 SQL 语句,不过此时可以简化操作,在 .NET 数据提供程序中为我们提供了一个 SqlCommand 对象,使用它可以自动生成所需要的 SQL 语句。

这样,把数据集中修改过的数据保存到数据库中,只需要两个步骤:

(1) 使用 SqlCommandBuilder 对象生成更新用的相关命令:

　　SqlCommandBuilder builder = new SqlCommandBuilder(已创建的 DataAdapter 对象);

(2) 调用 DataAdapter 对象的 Update( )方法:

　　DataAdapter 对象.Update(数据集对象, "数据表名称字符串");

比如,我们把 dataSet 中的 Teahcer 表的数据提交给数据库,就可以写成

　　SqlCommandBuilder builder = new SqlCommandBuilder(DataAdapter);

　　DataAdapter.Update(Dataset, "Teacher");

只要两句代码就可以达到设计目的,非常简单。

注意　SqlCommandBuilder 只操作单个表,也就是说,我们创建 DataAdapter 对象时,

使用的 SQL 语句只能从一个表里面查数据，不能进行联合查询，不过这对我们现在来讲已经足够了！

▶ 任务实施

任务 8-2　使用 DataAdapter 对象查看教师信息。

下面实现在任务描述中要求的功能，具体操作步骤如下：

(1) 在我们创建的 MySchool 项目中，添加一个显示教师信息窗体(OutputTeacherInfoForm)，并设置相应属性，窗体界面设计如图 8-5 所示。

图 8-5　显示教师信息窗体界面

(2) 为窗体增加两个字段 dataSet(数据集对象)、dataAdapter(数据适配器对象)，具体代码如下：

```
using System;
⋮
namespace MySchool
{
    public partial class OutputTeacherInfoForm : Form
    {
        SqlDataAdapter dataAdapter;              //声明 DataAdapter
        DataSet dataset = new DataSet();         //声明并初始化 DataSet
        public OutputTeacherInfoForm()
        {
            InitializeComponent();
        }
    }
}
```

(3) 在窗体中单击"显示到输出窗口"按钮时，就从数据库中读取信息填充 DataSet，然后打印 DataSet 中的数据。因此要处理按钮的 Click 事件，选中按钮双击，打开按钮的 Click 事件，生成 Click 事件的处理方法，在方法中添加如下代码：

```
private void btnTeacherList_Click(object sender, EventArgs e)
{
    String sql = "select teacherId,LoginId,TeacherName,Sex,Birthday from Teacher";
    //创建 DataAdapter 对象
    dataAdapter = new SqlDataAdapter(sql, DBHelper.connection);
    //填充数据集
    dataAdapter.Fill(dataset, "Teacher");
    //打印数据集中的 Teacher 表
    Console.WriteLine("Id\t 姓名\t 性别");
    foreach (DataRow row in dataset.Tables[0].Rows)
    {
        Console.WriteLine("{0}\t{1}\t{2}", row["TeacherId"], row["TeacherName"], row["Sex"]);
    }
}
```

(4) 修改 MySchool 项目中 program.cs 文件，让项目首先运行 OutputTeacherInfoForm 窗体。

运行之后，我们就会看到如图 8-3 所示的结果。使用 foreach 语句循环取出数据表中的每一行(DataRow)，因为在数据集中只填充了一个表，所以它在数据表集合中的索引是 0，可以使用 dataSet.Tables[0]找到它。在打印每一列的数据时，使用数据行对象["列名"]来取出每一列的数据。

注意 输出窗口一般在程序运行时显示在 VS 2012 的左下角，若没有出现该输出窗口，则可以通过点击菜单项“调试”→“窗口”→“输出”将其打开。

▶ 知识拓展

通过以上介绍，实现了将数据库中的数据填充到数据集，下面实现将数据集中修改后的数据保存到数据库。

【例 8-4】 假设数据集中的 Teacher 表数据已经发生改变，将其写回到数据库。

具体实现代码如下：

```
DialogResult result = MessageBox.Show("确实要将修改保存到数据库吗?","操作提示",
                    MessageBoxButtons. OKCancel,MessageBoxIcon.Question);
if (result == DialogResult.OK)
{
    SqlCommandBuilder builder = new SqlCommandBuilder(dataAdapter);
    dataAdapter.Update(dataSet, "Teacher");
}
```

一般情况下，将修改后的数据保存到数据库中时，应给用户提示，通过用户操作来做相应的处理。可以发现，将 DataSet 中的数据保存到数据库，只需要两个步骤。

▶ 归纳总结

在本节中，介绍了 DataAdapter 对象的作用，介绍了如何使用 DataAdapter 相关的属性和方法实现填充数据集以及保存数据集中的数据。应该能够灵活地利用该对象，实现对数据库的增、删、改、查操作。

任务 8.3　实现"高校学生管理系统"教员信息列表显示

▶ 任务描述

在任务 8.2 中，我们利用 DataAdapter 对象将数据集中教员表的信息显示在了输出窗口中，沿用的是已介绍的控制台应用程序的输出，但是在输出窗口中查看数据不直观、不方便。在本任务中，我们将利用 VS 2012 提供的一个强大的数据表展示控件 DataGridView，以方便地显示 DataSet 中数据以及实现增、删、改数据。下面以教员信息列表的显示及修改为例介绍该控件，实现效果如图 8-6 所示。

图 8-6　教员信息列表窗体界面

▶ 预备知识

8.3.1　认识 DataGridView 控件

DataGridView(数据网格视图)控件是 WinForms 中功能强大的数据展示控件。操作 DataGridView 就像操作 Excel 一样方便，可以直接修改和删除数据。

DataGridView 控件能够以表格的形式展示数据，可以设置为只读，也可以允许编辑数据。要想指定 DataGridView 控件显示 DataSet 中的哪一个表的数据，只需要指定它的 DataSource 属性即可。

DataGridView 控件具有极高的可配置性和可扩展性，它提供大量的属性、方法和事件，可以用来对该控件的外观和行为进行自定义。当需要在 Windows 窗体应用程序中显示表格数据时，请首先考虑使用 DataGridView 控件，然后考虑使用其他控件。若要以小型网格显示只读值，或者要使用户能够编辑具有数百万条记录的表，DataGridView 控件将提供可以方便地进行编程以及有效地利用内存的解决方案。

8.3.2 DataGridView 控件相关属性

我们可以借助 DataGridView 控件提供的大量属性对该控件进行控制，常用的属性如表 8-5 所示。

表 8-5　DataGridView 控件的主要属性

属　　性	说　　明
Columns	包含的列的集合
DataSource	DataGridView 的数据源
ReadOnly	是否可以编辑单元格

通过 Columns 属性，我们还可以设置 DataGridView 中的每一列的属性，包括列的宽度、列头的文字，是否为只读，是否冻结，对应数据表中的哪一列等，各列的主要属性参见表 8-6。

表 8-6　各列的主要属性

属　　性	说　　明
DataPropertyName	绑定的数据列的名称
HeaderText	列标题文本
Visible	指定列是否可见
Frozen	指定水平滚动 DataGridView 时，列是否移动
ReadOnly	指定单元格是否为只读

▶ **任务实施**

任务 8-3 实现"高校学生管理系统"教员信息列表显示。

下面将使用 DataGridView 控件与已介绍的 DataAdapter 对象实现教员信息的显示。具体操作步骤如下：

(1) 在我们创建的 MySchool 项目中，添加一个显示教员信息列表窗体(TeacherListForm)，在窗体上添加一个 DataGridView 控件和三个按钮，并设置相应属性，窗体界面设计如图 8-7 所示。

图 8-7　教员信息列表窗体设计界面

然后，我们需要对窗体中各个控件进行标准化命名。各控件的名称如表 8-7 所示。

表 8-7　各控件的命名

控　　件	名　　称
DataGridView 控件	dgvTeacher
"保存修改"按钮	btnUpdate
"刷新"按钮	btnReFresh
"关闭"按钮	btnClose

(2) 下面利用 DataGridView 控件的列编辑器设置列(Columns)的属性。在 DataGridView 控件上点击右键，选择"编辑列"选项，打开"编辑列"对话框，每一列的 DataPropertyName 属性都要设置为 Teacher 表中相对应列的名字。如密码列对应 Teacher 表的 LoginPwd 字段，各列的设置如图 8-8 所示。

图 8-8　教员信息列表窗体设计界面

可以发现，在设置列的属性时，添加了 Id 列，但是显示时却没有这一列，这是为什么呢？Id 列对应的是数据表中的主键 TeacherId，这是每条记录的唯一标识，所以也把它查询出来了。当把数据保存到数据库时，程序就能够很聪明地通过这个 Id 来找到要修改的记录。但这个 Id 是不需要显示在界面上的，所以我们把它的 Visible(可见的)属性设为 False。设置完成后，效果如图 8-9 所示。

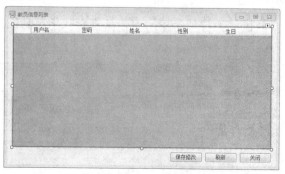

图 8-9　编辑列后教员信息列表窗体效果

(3) 在窗体加载时，要将所有的教员信息显示在 DataGridView 上，只需要设置该控件的 DataSource 属性即可。实际上和任务 8.2 中的功能非常相似，去掉打印信息到控制台的代码，增加一行指定数据源的代码就可以了。窗体加载事件的代码如下所示：

```
private void TeacherListForm_Load(object sender, EventArgs e)
{    //查询用的 sql 语句
    string teacherSql = "SELECT TeacherID,LoginId,LoginPwd,TeacherName,Sex,BirthDay
                        FROM Teacher";
    //初始化 DataAdapter
    dataAdapter = new SqlDataAdapter(teacherSql, DBHelper.connection);
    //填充DataSet
    dataAdapter.Fill(dataSet, "Teacher");
    //绑定 DataGridView 的数据源
    dgvTeacher.DataSource = dataSet.Tables["Teacher"];
}
```

(4) 运行该窗体，就可以看到最终要实现的功能效果。可以像使用 Excel 一样对 DataGridVew 中的数据进行修改操作，但是我们并没有实现保存修改的功能。接着就是对它的实现，实现的方法：将数据集中的数据写回到数据库，在"保存修改"按钮的 Click 事件中添加代码，代码可参考任务 8.2 中知识拓展实例。

(5) 实现刷新功能。实际上分为两步：首先清空数据集中原来的数据；然后重新填充数据集。在"刷新"按钮的 Click 事件中，"刷新"按钮的 Click 事件代码如下：

```
private void btnFresh_Click(object sender, EventArgs e)
{
    dataSet.Tables["Teacher"].Clear();        //清空原来的数据
    dataAdapter.Fill(dataSet,"Teacher");       //重新填充
}
```

(6) 最后，实现关闭功能，在"关闭"按钮的 Click 事件中，调用 this.Close( )方法即可。

▶ **知识拓展**

在任务 8.1 中，介绍了 DataAdapter 对象，该对象有一个 SelectCommand 属性。下面我们就结合该属性，实现按性别查找学生功能。

【例 8-5】实现"高校学生管理系统"中按性别查找学员功能。实现效果如图 8-10 所示。

图 8-10   按性别查找学员信息的窗体效果图

实现步骤可参考如下步骤。

(1) 在我们创建的 MySchool 项目中，添加一个显示学员信息列表窗体 (StudentListForm)，在窗体上添加一个标签控件、一个组合框、一个 DataGridView 控件和 4 个按钮，并设置相应属性，对各控件标准命名如表 8-8 所示。

表 8-8　各控件的命名

控 件	名 称
DataGridView 控件	dgvStudent
组合框控件	cboSex
"筛选"按钮	btnReFill
"保存修改"按钮	btnUpdate
"刷新"按钮	btnReFresh
"关闭"按钮	btnClose

(2) 下面利用 DataGridView 控件的列编辑器设置列(Columns)的属性。在 DataGridView 控件上点击右键，选择"编辑列"选项，打开"编辑列"对话框，添加相关列，并设置对应属性，如图 8-11 所示。

图 8-11　学员信息列表编辑列

各列与学员表(Student)的字段对应如表 8-9 所示。在添加列后，则可实现最终设计效果。

表 8-9　各列的命名

列 标 题	对应 Students 表字段
标识	StudentID，主键，不显示
用户名	LoginId
姓名	StudentName
学号	StudentNO
性别	Sex
电话	Phone
家庭住址	Address
期望工作职位	JobWanted

　　注意　利用 DataGridView 显示数据集中的某个表,若没有为它的列设置 DataPropertyName 属性,则会自动添加列名为表字段名的列;而没有设置 DataPropertyName 属性的列则不显示任何数据。

　　(3) 在窗体加载时,将全部学员信息显示在 DataGridView 上,参考代码如下:

```
//窗体加载事件处理,加载时填充数据集,显示数据
private void StudentListForm_Load(object sender, EventArgs e)
{
    //查询用的 sql 语句
    string sql = "SELECT StudentId, LoginId, StudentName, StudentNO, Sex, Phone, Address,
            JobWanted FROM Student";
    //创建 DataAdapter 对象
    dataAdapter = new SqlDataAdapter(sql, DBHelper.connection);
    //填充数据集
    dataAdapter.Fill(dataSet, "Student");
    //指定 DataGridView 数据源,显示数据
    dgvStudent.DataSource = dataSet.Tables["Student"];
    //设置筛选条件的默认值
    cboSex.Text = "全部";
}
```

　　(4) 在窗体中单击"筛选"按钮,则会根据组合框中选择要显示的性别显示相应性别学员信息并显示在 DataGridView 上。在"筛选"按钮的 Click 事件中添加如下代码:

```
//筛选按钮的Click 事件处理,组合SQL语句,重新填充数据集
private void btnReFill_Click(object sender, EventArgs e)
{
    //基本 SQL 语句
    string sql = "SELECT StudentId, LoginId, StudentName, StudentNO, Sex, Phone, Address,
            JobWanted FROM Student";
    //根据组合框的选择组合 SQL 语句
    switch (cboSex.Text)
    {
        case "男":        //设置性别为男的条件
            sql += " WHERE Sex = '男'";
            break;
        case "女":        //设置性别为女的条件
            sql += " WHERE Sex = '女?'";
            break;
        default:          //不做任何操作
            break;
    }
```

dataSet.Tables["Student"].Clear();

//重新指定 DataAdapter 对象的查询语句

dataAdapter.SelectCommand.CommandText = sql;

//重新填充数据集

dataAdapter.Fill(dataSet, "Student");

　　}

(5) 实现"保存修改"按钮相应功能，实现代码如下：

//刷新按钮的 Click 事件处理，重新填充数据集并显示

private void btnRefresh_Click(object sender, EventArgs e)

{

　　//查询用的 sql 语句

　　string sql = "SELECT StudentId, LoginId, StudentName, StudentNO, Sex, Phone, Address,

　　　　　　　JobWanted FROM Student";

　　cboSex.Text = "全部";

　　dataSet.Tables["Student"].Clear(); //清空原来的表

　　//创建 DataAdapter 对象

　　dataAdapter.SelectCommand.CommandText = sql;

　　//填充数据集

　　dataAdapter.Fill(dataSet, "Student");

}

　　(6) 实现"刷新"、"关闭"按钮功能，具体可参考教员信息列表功能的实现方法实现相应功能。实现最终效果如图 8-10 所示。

▶ 归纳总结

　　DataGridView 控件是在 ADO.NET 中最常用的数据展示控件。DataGridView 控件提供了很多属性与方法，可以供广大程序开发人员使用，使用该控件可以使数据展示更加简单、方便、直观。在本节中，大家通过两个具体实例，介绍了 DataGridView 控件的使用方法与注意事项，利用该控件可以方便地对数据集中的数据实现增、删、改、查操作。

实训练习 8

一、选择题

1. ADO.NET 对象模型包含(　　)。　　　　　　　　　　　　　　　　(选择两项)

　　A．.NET 数据提供程序　　　　　　　　　B．公共语言运行时

　　C．框架类库　　　　　　　　　　　　　　D．DataSet

2. 在 DataSet 对象中，可通过(　　)集合遍历 DataSet 对象中所有的数据表对象。

　　　　　　　　　　　　　　　　　　　　　　　　　　　　　　　　(选择一项)

　　A．Rows　　　　　　B．Tables　　　　　　C．Columns　　　　　D．Cells

3.下列哪个类型的对象是 ADO.NET 在非连接模式下处理数据内容的主要对象？( )

(选择一项)

    A．Command   B．Connection   C．DataAdapter   D．DataSet

4．若将数据库中的数据填充到数据集，应调用 SqlDataAdapter 的( )方法。

(选择一项)

    A．Open   B．Close   C．Fill   D．Update

5．我们借助于下列哪一个属性来设置 DataGridView 控件的数据源。( )(选择一项)

    A．Columns   B．DataSource   C．ReadOnly   D．Visible

二、实训操作题

1．手动创建一个 DataSet，并在其中创建一个 DataTable。表中字段应包括学员的学号、姓名、年龄、爱好等信息。

2．使用 DataGridView 控件实现上例中，学员信息的展示功能，并要求实现直接在控件实现数据修改功能。

单元 9　项目实训——机票预定系统的设计与实现

▶ **任务描述**

设计一个综合性的实例——机票预定系统。

在本系统中，将结合我们已介绍的所有知识实现航班查询功能、机票预定功能。所要实现的机票预定主界面如图 9-1 所示。

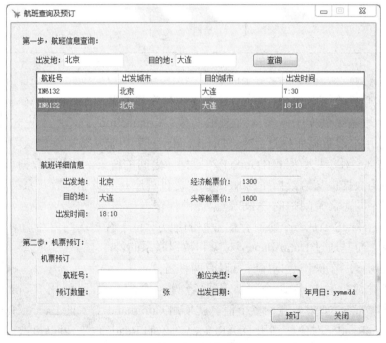

图 9-1　机票预定系统主界面

▶ **预备知识**

相关知识回顾

在本书中，我们介绍了面向对象编程语言(C#)的基本语法、Windows 编程中控件的使用、ADO.NET 操作数据库等几方面的知识。在这些知识中，要特别注重程序设计中的三大

基本结构、自定义方法的实现、数据传递方式与数据转换方法、Windows 常用控件的使用
技巧以及操作数据库时的几个常用方法。

　　在此，以数据库操作对象为例做一个总结。在整个数据操作过程中，我们使用了 4 个
核心对象：Connection、Command、DataReader、DataAdapter 对象。它们的关系如图 9-2
所示。

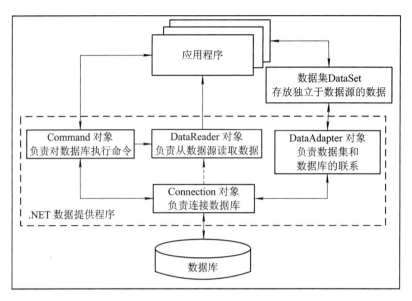

图 9-2　ADO.NET 各对象之间的关系

　　ADO.NET 由两个部分组成：.NET 数据提供程序和数据集(DataSet)。

　　(1) .NET 数据提供程序包含 4 个核心对象：Connection 对象用来建立数据库连接；
Command 对象用来对数据库执行命令；DataReader 对象用来从数据库中获取只读、只进的
数据；DataAdapter 对象是数据集(DataSet)和数据库之间的桥梁，用来将数据填充到数据集，
并把数据集中的数据提交给数据库。.NET 数据提供程序是与数据库有关系的，不同类型的
数据库要使用不同命名空间中的 .NET 数据提供程序。

　　(2) 数据集(DataSet)是一个临时存储数据的地方，位于客户端的内存当中。它不和数据
库直接打交道，而是通过 DataAdapter 对象和数据联系的。

　　我们的应用程序在操作数据库时可以有两种方式：

　　(1) 直接对数据库执行命令。如果要查询单个值，那就使用 Command 对象的
ExecuteScalar( )方法。如果要查询多个值，就使用 Command 对象的 ExecuteReader( )方法，
它返回一个 DataReader 对象，利用 DataReader 对象的 Read( )方法可以每次读出一条记录。
如果要对数据进行修改，可以使用 Command 对象的 ExecuteNonQuery( )方法，它返回受影
响的记录的条数。

　　(2) 利用 DataSet 间接操作数据库的数据。通过 DataAdapter 对象的 Fill( )方法把需要的
数据一次放在 DataSet 中，如果不需要对数据进行修改，只需要 Fill( )方法就可以了。如果
对数据集中的数据做了修改，要把修改过的数据返回给数据库，就需要使用 DataAdapter
对象的 Update( )方法。

▶ **任务实施**

任务 9-1　机票预定系统的设计与实现。

1. 需求分析与功能设计

我们平时可以去飞机场的售票大厅购买飞机票，买票时售票员可以借助飞机票售票系统进行航班的查询与销售，那么我们有没有想过自己设计一个机票预定系统，可以坐在家中进行机票的查询与预定？该任务即可把这个想法变成现实。

我们将设计的机票预定系统主要完成两大功能：查询功能和预定功能。

2. 数据库设计

所设计机票预定系统采用 SQL Server 2008 数据库。打开数据库管理系统，为该机票预定系统创建一个数据库，名称为 Ticket，具体创建过程就不再介绍了。

经过前面对需求及功能的分析，数据库需求设计也变得更加清晰了。在该机票预定系统中，最主要的是对机票信息和订单信息进行存储，如航班号、出发时间、目的地等。最终确定该系统需要使用 2 张表完成功能。我们在 Ticket 数据库中建立这些表，下面对表的名称、描述以及包含字段进行说明。

(1) TicketInfo 表。

TicketInfo 表用于保存航班的相关信息，如航班号、出发城市、目的地城市等信息。如表 9-1 所示。

表 9-1　TicketInfo 表中各字段的设置

字 段 名	数据类型	是否允许为空	备　注
Id	int	否	主键，标识列
FlightNO	varchar(50)	否	航班号
LeaveCity	varchar(50)	否	出发城市
Destination	varchar(50)	否	目的地城市
LeaveTime	varchar(5)	否	出发时间
SecondClass	float	否	经济舱票价
FirstClass	float	否	头等舱票价

(2) OrderInfo 表。

OrderInfo 表用于保存预定机票订单信息，如航班号、出发日期、预定数量等。如表 9-2 所示。

表 9-2　OrderInfo 表中各字段的设置

字段名	数据类型	是否允许为空	备　注
id	int	否	主键，标识列
FlightNo	varchar(50)	否	航班号
LeaveDate	varchar(50)	否	出发日期
SeatType	varchar(6)	否	机票类型
Number	int	否	预定数量

3. 系统设计

(1) 机票查询及预订窗体设计。

利用控件设计如图 9-1 所示的机票查询及预订窗体。该窗体中包含的控件及命名如表 9-3 所示。

表 9-3　窗体中各控件及显示的文本

控件	名称	文本	控件	名称	文本
Label	lblSetp1	第一步，航班信息查询	TextBox	txtSearchFrom	
Label	lblSearchForm	出发地：	TextBox	txtSearchTo	
Label	lblSearchTo	目的地：	TextBox	txtForm(航班详细信息部分)	
Label	lblForm	出发地：(航班详细信息部分)	TextBox	txtTo(航班详细信息部分)	
Label	lblTo	目的地(航班详细信息部分)	TextBox	txtLeaveDate	
Label	lblLeaveTime	出发时间：	GroupBox	grpTicketInfo	航班详细信息
Label	lblSecondClass	经济舱票价：	GroupBox	grpOrderTicket	机票预订
Label	lblFirstClass	头等舱票价：	ComboBox	cboSeatType	经济舱头等舱
Label	lblSteps	第二步，机票预定：	Button	btnSearch	查询
Label	lblFightNO	航班号：	Button	btnOrder	预订
Label	lblSeatType	舱位类型：	Button	btnClose	关闭
Label	lblNumber	预订数量：	DataGridView	dgvTicketInfo	
Label	lblPiece	张			
Label	lblLeaveDate	出发日期：			
Label	lblDataFormat	年 月 日：yymmdd			

其中，DataGridView 控件中增加 5 列，5 列主要属性参见表 9-4。

表 9-4　DataGridView 控件中 5 列的属性

Name	HeaderText	DataPropertyName	Visible
Id	Id	Id	False
FlightNO	航班号	FlightNO	True
LeaveCity	出发城市	LeaveCity	True
Destination	目的城市	Destination	True
LeaveTime	出发时间	LeaveTime	True

(2) 附加 Ticket 数据库，为项目添加 DBHelper 类。该类中包含数据库连接字符串和数据库连接对象。参考代码如下：

```
class DBHelper
{   //连接字符串
    public static string connString = "Data Source=.;Initial Catalog=Ticket;User ID=sa;Pwd=123";
    //数据库连接
    public static SqlConnection connection = new SqlConnection(connString);
}
```

(3) 实现航班信息的查询功能。窗体加载时，将所有航班作息显示在 DataGridView 控件中。参考代码如下：

```
//填充数据集，绑定到 DataGridView 并显示
private void BookTicketForm_Load(object sender, EventArgs e)
{   string sql = "SELECT Id, FlightNO, LeaveCity, Destination, LeaveTime FROM TicketInfo";
    dataAdapter = new SqlDataAdapter(sql, DBHelper.connection);
    dataSet = new DataSet("Ticket");
    dataAdapter.Fill(dataSet, "TicketInfo");
    dgvTicketInfo.DataSource = dataSet.Tables["TicketInfo"];
}
```

(4) 实现按出发地和目的地查询航班信息。当单击"查询"按钮时，可查询出指定出发地到目的地的航班，显示在 DataGridView 中。参考代码如下：

```
//根据查询条件，重新填充数据集
private void btnSearch_Click(object sender, EventArgs e)
{
    if (txtSearchFrom.Text.Trim() != "" && txtSearchTo.Text.Trim() != "")
    {
        string sql = string.Format(
            "SELECT Id, FlightNO, LeaveCity, Destination, LeaveTime FROM TicketInfo
                WHERE LeaveCity='{0}' AND Destination='{1}'",
        txtSearchFrom.Text.Trim(), txtSearchTo.Text.Trim());
        dataAdapter.SelectCommand.CommandText = sql;
        dataSet.Tables["TicketInfo"].Clear();          //清空原有数据
        dataAdapter.Fill(dataSet, "TicketInfo");
    }
    else
    {
        MessageBox.Show("请选择出发地和目的地！","提示",MessageBoxButtons.OK,
                MessageBoxIcon.Information);
    }
}
```

(5) 实现显示详细航班信息的功能。当单击 DataGridView 中的一条航班信息时，在下方显示该航班的详细信息。参考代码如下：

```
//根据用户的选择，显示航班的详细信息
private void dgvTicketInfo_MouseClick(object sender, MouseEventArgs e)
{
    //获得当前选中的行的 id 列中的值
    int id = Convert.ToInt32(dgvTicketInfo.SelectedRows[0].Cells["Id"].Value);
    //从数据库中查询该条记录的详细信息
    string sql = "SELECT * FROM TicketInfo WHERE Id="+id;
    try
    {
        SqlCommand command = new SqlCommand(sql, DBHelper.connection);
        DBHelper.connection.Open();
        //查询
        SqlDataReader dataReader = command.ExecuteReader();

        if (dataReader.Read())
        {
            txtFrom.Text = dataReader["LeaveCity"].ToString();
            txtTo.Text = dataReader["Destination"].ToString();
            txtLeaveTime.Text = dataReader["LeaveTime"].ToString();
            txtSecondClass.Text = dataReader["SecondClass"].ToString();
            txtFirstClass.Text = dataReader["FirstClass"].ToString();
        }
        dataReader.Close();
    }
    catch (Exception ex)
    {
        Console.WriteLine(ex.Message);
    }
    finally
    {
        DBHelper.connection.Close();
    }
}
```

(6) 实现预定时，我们假设飞机头等舱有 8 个座位，经济舱有 160 个座位。当单击"预定"按钮时，计算剩余客票数量，因此需要自定义方法实现余票的计算。参考代码如下：

```csharp
private int GetRemainSeatNum()
{
    int bookedSeatNum = 0;        //已经预订的座位数量
    int remainSeatNum = 0;        //剩余的座位数量
    string sql = string.Format(
        "SELECT SUM(Number) FROM OrderInfo WHERE FlightNO='{0}' AND SeatType='{1}'
                AND LeaveDate='{2}'",
    txtFlightNO.Text, cboSeatType.Text, txtLeaveDate.Text);

    try
    {
        SqlCommand command = new SqlCommand(sql, DBHelper.connection);
        DBHelper.connection.Open();
        if (!(command.ExecuteScalar() is DBNull))    //不能是数据库空值
        {
            bookedSeatNum = Convert.ToInt32(command.ExecuteScalar());
        }
    }
    catch (Exception ex)
    {
        Console.WriteLine(ex.Message);
    }
    finally
    {
        DBHelper.connection.Close();
    }
    switch (cboSeatType.Text)
    {
        case "头等舱":
            remainSeatNum = firstClassSeatNum - bookedSeatNum;
            break;
        case "经济舱":
            remainSeatNum = secondClassSeatNum - bookedSeatNum;
            break;
        default:
            remainSeatNum = 0;
            break;
    }
    return remainSeatNum;
}
```

(7) 实现机票预订功能。如果机票余票充足，就将"机票预订"部分填写的信息插入到数据库的 OrderInfo 表中，并给出是否预订成功的提示信息。参考代码如下：

```
//单击"预订"按钮，将预订信息写入数据库
private void btnOrder_Click(object sender, EventArgs e)
{
    if (ValidateInput())        //判断是否进行了输入，如果有未输入项，返回 False，否则返回 True
    {
        int remainSeatNum = GetRemainSeatNum();
        if (remainSeatNum >= int.Parse(txtNumber.Text))
        {
            string sql = string.Format(
                "INSERT INTO OrderInfo (FlightNO,LeaveDate,SeatType,Number) Values
                    ('{0}','{1}','{2}','{3}')",
                txtFlightNO.Text, txtLeaveDate.Text, cboSeatType.Text, int.Parse(txtNumber.Text));
            try
            {
                SqlCommand command = new SqlCommand(sql, DBHelper.connection);
                DBHelper.connection.Open();
                int result = command.ExecuteNonQuery();
                if (result == 1)
                {
                    MessageBox.Show("预订成功！", "提示", MessageBoxButtons.OK,
                        MessageBoxIcon.Information);
                }
                else
                {
                    MessageBox.Show("预订失败，请重试！", "提示", MessageBoxButtons.OK,
                        MessageBoxIcon.Information);
                }
            }
            catch (Exception ex)
            {
                Console.WriteLine(ex.Message);
            }
            finally
            {
                DBHelper.connection.Close();
            }
        }
```

```
        else    if(remainSeatNum >= 0)
        {
                string message = string.Format("剩余客票只有{0}张，请选择其他航班！",
                                remainSeatNum);
                MessageBox.Show(message, "温馨提示", MessageBoxButtons.OK,
                                MessageBoxIcon.Information);
        }
    }
}
```

(8) 实现关闭窗体功能，完成最终设计效果。

▶ 知识拓展

通过一个航班预定系统的设计与实现，对本书所介绍的内容做了一个简单的总结，该系统中所用到的知识，涉及了本门课程的大部分知识。

设计一个航班预定系统只是起到了一个抛砖引玉的作用。实际上，利用我们所学过的知识，可以设计出很多功能实用的软件系统，如通讯录系统、超市管理系统、图书管理系统等。设计时用到的知识点，和我们设计的航班预定系统大同小异，可以自由发挥。

▶ 归纳总结

在本节中，通过对设计一个航班管理系统的论述，完成了对"C# 语言程序设计"课程的总结。本门课程是学习 C# 软件开发课程的一门基础课程，此课程是后期学习"ASP.NET"课程的理论基础。

实训练习 9

实现一个"图书管理系统"。具体功能模块如下：

读者管理：增加读者、修改读者、删除读者；

用户管理：增加管理员、修改管理员、删除管理员；

图书管理：查询图书、增加图书、编辑图书、删除图书；

借阅管理：图书借出、图书归还。

要求使用 Windows 应用程序实现，其中数据库根据功能需求自行创建。实现功能可在功能需求的基础上自行拓展。

附　　录

附录 A　C# 中的数据类型

类　　型	大　　小	示　　例
bool	布尔值，True 或 False	bool isStudent=true;
byte	无符号 8 位整数	byte myByte=2;
sbyte	有符号 8 位整数	sbyte mySbyte=-100;
char	16 位 Unicode 字符	char female="F"
decimal	128 位浮点数，精确到小数点后 28-29 位	decimal result=1102.45M;
double	64 位浮点数，精确到小数点后 15-16 位	double cash=36.45;
float	32 位浮点数，精确到小数点后 7 位	float sc=65.6F
int	有符号 32 位整数	int avg=700;
uint	无符号 32 位整数	uint num=500;
long	有符号 64 位整数	long population=62651662
ulong	无符号 64 位整数	ulong h=62626532652656
short	有符号 16 位整数	short salary=2780
ushort	无符号 16 位整数	ushort allowance=3000;
string	Unicode 字符串，引用类型	string color="yellow"

附录 B　C#中关键字完整列表

C# 关键字完整列表			
abstrace	explicit	null	struct
as	extern	object	switch
base	false	operator	this
bool	finally	out	throw
break	fixed	outoverride	true
byte	float	params	try
case	for	partial	typeof
catch	foreach	private	uint
char	get	protected	ulong
checked	goto	public	unchecked
class	if	readonly	unsafe
const	implicit	ref	ushort
continue	in	return	using
decimal	int	sbyte	value
default	interface	sealed	virtual
delegate	internal	set	volatile
do	is	short	void
double	lock	sizeof	where
else	long	stackalloc	while
enum	namespace	static	yield
event	new	string	

附录 C C# 中的数据类型与 SQL Server 数据类型的对照表

SQL Server 类型	C# 类型
int	Int32
text	String
bigint	Int64
binary	System.Byte[]
bit	Boolean
char	String
datetime	System.DateTime
decimal	System.Decimal
float	System.Double
image	System.Byte[]
money	System.Decimal
nchar	String
ntext	String
numeric	System.Decimal
nvarchar	String
real	System.Single
smalldatetime	System.DateTime
smallint	Int16
smallmoney	System.Decimal
timestamp	System.DateTime
tinyint	System.Byte
uniqueidentifier	System.Guid
varbinary	System.Byte[]
varchar	String
Variant	Object

参 考 文 献

[1] Christian Nagel, Bill Evjen, Jay Glynn. C#高级编程[M]. 4 版. 北京：清华大学出版社，2006.

[2] 北京阿博泰克北大青鸟信息技术有限公司. 使用 C#开发数据库应用程序[M]. 北京：科学技术文献出版社，2008.

[3] 张劼. Visual C# 2010 入门经典[M]. 北京：人民邮电出版社，2011.

[4] 刘利霞. C#范例开发大全[M]. 北京：清华大学出版社，2010.

[5] 李林，项刚. C#程序设计[M]. 北京：高等教育出版社，2013.

[6] 王平华. C#.NET 程序设计项目教程[M]. 北京：中国铁道出版社，2008.